宅。

Housing Design Handbook

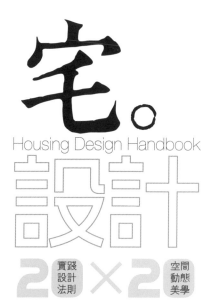

設計

20 實踐設計法則 × 20 空間動態美學

HOUSING DESIGN HANDBOOK

原來如此的住宅建築原理

序

　　「住宅設計」（或是「居住空間設計」）是由建築學系、室內建築學系、室內裝潢設計系、環境設計學系、居住學系等基礎設計科目所組成的，但是，住宅設計並不是光由這些基礎設計的過程就可以完成，因為住宅除了是人們居住停留的空間以外，同時也具備其他多樣性的功能，例如人們會在住宅中休息、睡覺、吃飯，同時也會聚集在一起共度歡愉時光；或是進行個人的趣味生活、學習、工作等，除此之外，隨著時代狀況、地區的環境和文化、居住者個人的喜好，或是生活方式的不同，對住宅的要求也會有天差地別的差異。

　　對於具有複合性定義的住宅，要能夠發揮創意來進行設計，事實上並不是一件簡單的事情，特別是對於現在才正開始著手進行設計作業的新手而言，更是一件非常困難的事，建蓋建築物的基地應該要如何解說分析、家的型態要如何架構、房間大小要如何規劃、空間氛圍要以哪裡為基準來進行搭配、建材和用色該如何搭配……，這些，對於新手設計師來說，簡直就像是在霧裡看花一樣，很容易完全摸不著頭緒。除了上述的要素之外，更重要的是又該如何構想出與他人不同的新點子，做出更有創意的設計。

「設計作業」就像是到完全沒有去過的地方進行探險之旅一樣，因為是走在未知的道路上，所以必須要更加小心。此外，也很難預測到將來會遇上哪一種狀況，在達到最終目的地之前，會面臨到許許多多的岔路選擇，這時必須要仔細地進行思考，做出最佳的選擇才行。真正的設計師也都是經過多次的磨練，才慢慢地找到這條茫茫道路中的前進方向，當遇到困難時，處理問題的方式也是透過過去所累積的經驗來解決的。但是對於新手設計師們來說，第一步要從哪裡開始、接下來又必須要朝向哪一個方向邁進、當在遇到困難時，要從哪一個地方開始解決……，這些問題都是新手設計師們無法得知的，所以偶爾會產生猶豫或是茫然，甚至有時候會因不知所措而迷失了方向。

　　本書希望能夠透過細膩親切的介紹方式，讓初次走向「設計」這條未知路的新手們能夠獲得幫助，本書並不是以機械式的導航器 navigation 來告訴大家要如何進行設計，而是在一定的範圍內，希望能促使大家多多進行各方面自由的思考和發想，希望本書能夠成為新手設計師們的指南書 guidebook，同時也希望能如解說書 handbook 一樣，成為新手設計師們的設計入門書。透過本書，希望能夠讓各位至少知道自己現在是站在哪裡、必須要往哪一個方向前進、知道能找到捷徑的方法是什麼，以及解決問題、找出其他應對方案的變通方法。以蓋自己的家的心情來設計住宅，在居住空間設計的領域中，試著去享受其中的自由、寬廣與美好。

李勝憲 Lee Seungheon

CONTENTS

prat 2 DESIGN TIPS

part 3 DESIGN EXAMPLE

INTRODUCTION

本書的構成 20×20×10

本書製作的目的是為了讓大家能夠了解住宅設計過程的順序，並且可以一目了然、輕鬆地進行學習，透過設計過程的學習階段進行介紹，並且區分為「要學習的內容」和「作業時需要留意的事項」等小標題來解說，另外也同時提出在設計作業的過程中需要多投入思考的部分，以及值得當作典範的知名設計師住宅範例，希望能讓大家更加活用本書。

Part1　Design Process：將居住空間設計的整個過程區分為20個作業內容（實踐設計），並且依序地進行說明，透過這些內容先熟知相關的設計過程，那麼在前往下一個階段進行學習時，將會有很大的幫助，20個作業內容能根據個人的需求可以變換順序來作業，同時也可針對特定的部分進行強調或是縮小的作業。

Part2　Design Tips：在進行設計的過程中，可以進一步學習的內容，其中整理出了20個在進行設計時相當有用的主題（美學概念），這些資料可以當作教學資料活用，同時個人在透過仔細地閱讀後，也可以讓自己的思考變得更加寬廣，希望大家在閱讀Part1各章節時，也能夠搭配「延伸閱讀」的建議，和part2的內容一起學習。

Part3　Design Example：精選出有關居住空間設計的實際範例，並且解說該設計的核心意義，讓必須要進行創意作業的新手設計師們能夠透過大師範例獲得一些啟發，也希望這些經典住宅範例能夠成為新手設計師們在實作上的範本。

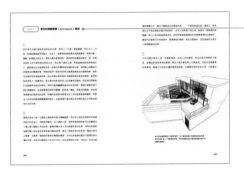

範例研究
挑選出在設計過程中，可以當作範例的內容，並且進行解說讓新手設計師們能夠獲得參考。

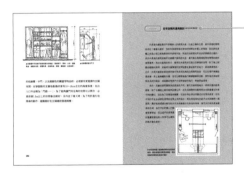

仔細思考
提出在設計過程中需要更花心思思考的部分，或是提供有用的資訊。

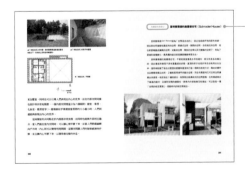

有關家的表現
透過文字來説明知名建築師的住宅作品，並且解說其住宅所擁有的價值。

所謂的「設計」到底是什麼？

　　設計是什麼？設計師必須要具備的基本精神 mind 是什麼？為了要回答這種理論性的問題，首先必須要先了解「設計」這個單字的語源才行，Design的拉丁語語源 designare 原義是具有「指示」或是「意義」的意思，但是這個單字的語源構造也具備「記號 sign」或是「象徵 symbol」的意義，在「signare」中又具有「分離 to separate」的否定意義，再與「de-」結合在一起，也就是説，「designare」可解釋為「使其從原本的記號中分離，並且指示給予新的記號」的意思。

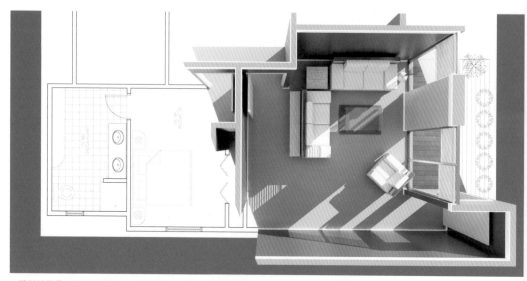

▲設計除了具有單純地讓顏色看起來華麗、好看、使用起來便利等一般意義以外，還涵蓋有更廣大的本質意義，在進行設計時，必須要考慮到設計是否能夠反映出居住者追求的生活方式、是否是能夠提升居住者生活品質的空間、是否是可以增進家族之間的交流，甚至進一步思考到鄰居或是訪客的感受，以及是否順應於周遭的環境等。

簡單來說，所謂的「設計」是指「透過再次解說原有存在的記號，進而創造出新的記號的行為」。設計除了單純地讓顏色看起來華麗、好看、使用起來更便利等一般意義以外，還涵蓋有更廣大的本質意義，透過大眾日常所接觸的各種記號或是功能、構造、生活模式、文化社會系統的改變，進而提案出新的生活環境，正是設計所具有的真正意義。

好的設計

為了製作出一個好的設計 good design，對於「已經存在有的記號」，必須要抱持著尋找出問題，進而找出解決對策的態度，因此在進行設計之前，必須要先充分地分析才行，在居住空間的設計中，基地的特性和周遭的背景脈絡 context、客戶 client 的要求事項、地區的氣候特徵、變化的生活方式 lifestyle，以及未來的技術等，都可以稱之為「已經存在有的記號」，透過研究分析這些內容，將可以尋找出為了進行設計所需要的充分條件，當縝密地進行過分析之後，設計將會形成一種具有客觀性的共同感受，同時也能與更多的大眾共有分享。

要完成一個好設計的另外一個條件是，能夠在現存記號具有限制的情況下，突破常理，提出具有創意性的想法，明確地表達出人們潛在的需要或是文化的脈動，正是身為設計師所扮演的角色。設計師們必須要創造出新的文化，讓生活的品質再更上一層樓。

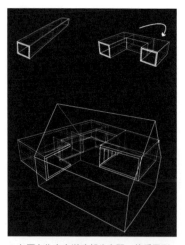

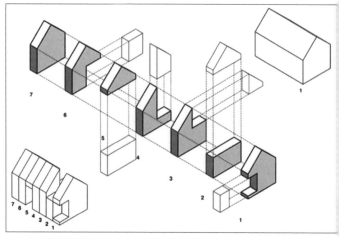

▲在原有住宅中增建部分空間，使房屋形成「凹」字形，自然地出現中庭的概念。

▲一個整體的住宅是透過這種方式，利用分離的單位（unit）組建構成具有獨特外型的建築。

　　簡單來説，好的設計是必須同時用分析的心和創意的心搭配才能夠完成的，透過分析的心，設計師必須要充分地掌握設計的基礎，如果自己的邏輯無法形成一種客觀的共同感時，那麼設計也就無法獲得大眾的共鳴；另外，也必須要利用創意的心去進行主觀式的分析，有能力將原有既存的事物轉變成其他具有創意性 originality 的東西，當具有獨創性的想法時，也不要吝嗇於只是讓自己能夠想像，或是感受在其中，如果也能夠讓其他的人們覺得美觀好看，或是使用起來更方便的型態來表現（客觀化）的話，就是完成一個設計了。

設計要如何進行呢？

設計是從在原有既存的東西上，透過觀察和分析找出其中問題點開始的，同時為了要解決問題，必須要進行資料的調查和尋找出對策，就算是找到了解決的方案，也必須要將方案做成讓人們也能夠獲得共鳴的邏輯才行。以這種邏輯為基礎，在透過各種實驗和執行錯誤的過程中，新的設計想法也會慢慢地形成，同時也就會出現能夠滿足大家的設計方案了，在發表最終成果之前，為了讓自己的設計能更加優秀，要像是在打鐵一樣，就連最細微的線條也必須要經歷過反覆琢磨精鍊的過程才能夠完成一個好的設計，因此在設計中，設計師個人主觀的問題提出和發想轉換等一連串的作業，都是為了要獲得大眾的共同感所必須要經歷的階段。

設計作業的內容，可細分為資料收集和分析、掌握客戶或是使用者的需求 needs、訂定設計基本方向、訂定設計概念、描繪出想法和圖面作業，以及各階段報告 presentation 和回應 feedback，到最後的截稿等。實際上設計過程所需要經歷的作業比前面所提到的內容還要更加地複雜，設計的過程就像是在組裝零件完成一個機器一樣，卻很難明確地將其系統化。雖然如此，在設計進行的過程中，如果沒有基礎的理解或是經過事前的一連串訓練的話，要創造出具有獨創性的作品就更加地困難了，在進行設計過程時，如果能夠了解設計整體的程序，並且能夠明確地建立

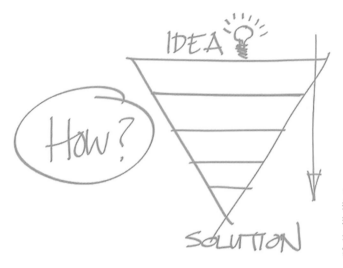

◀設計是思考要將新的想法以什麼樣的方式呈現出來的過程,並且在最後提出一個最終的方案(解決方式)。

起接下來要進行哪一個步驟的計畫,那麼進行設計作業就會變得更加地容易,第一次接觸設計的新手們如能對設計的進行過程有基礎的了解,那麼在進行作業時,也才不會容易迷失方向,能夠掌握住自己的重點去進行設計了。

訓練設計的心

在設計的過程中,訓練有術的設計師們的共同特徵是,同時具有分析的心和創意的心,除此之外還能夠有效率地套用上自己的想法,進而創造出一個好的設計。他們在進行分析作業的同時,也會同時進行新概念和新功能的構想,而在進行創意發想作業時,則會透過思考新的想法來解決既存的問題,並且透過一次次地確認來讓想法變得更加完整。現在就要求剛接觸設計的新手們要立刻做到這種程度似乎有點太過勉強了,但是,隨著經歷一次次的設計過程,唯有盡快地克服自己不足的部分,並且以積極的姿態往前邁進,才能成為一位更優秀的設計師。

到目前為止，根據自己的成長背景、個性、興趣、周圍環境、旅行或是讀書等各種經驗，如果你是一位具有分析能力的人的話，那麼相信也將會是一位具有創造力的人。為了要成為一位真正的設計師，就必須要將現在所擁有的部分當作是自己的優點和能力，讓自己能夠更上一層樓才行，除此之外對於自己不足的地方，也必須透過個人的努力慢慢地開發培養，特別是可以稱為設計核心的「獨創性概念」，唯有透過持續不斷地努力，才能讓其獨創性不斷地延續發展，例如讓自己能夠沉浸在自己喜歡的電影、文化、音樂，以及興趣中也是一個很好的方法，另外嘗試到目前為止都沒有做過的活動或是旅行等，也可以體驗到各種陌生的經歷，同時跳脫出各種被侷限的框架中，唯有在擁有瘋狂的心時，才能夠構想出與眾不同的「獨創性概念」。

DESIGN PROCESS

part 1.
design process

Orientation

01. **工作環境的組成** workplace

打造設計工作室

　　為了要能夠好好地進行設計，進行設計的工作環境絕不可以馬虎對待，設計工作室除了是工作的場所外，同時也是設計師將自己的想像力具體化、並進一步創造出獨創作品的空間，因此也可以說是身為設計師第一個必須要用心打造的空間。

　　個人的作業空間最好要設置有書桌（或是繪圖桌），以及具有可以進行附加作業或是可收納的邊桌 side table，在書桌上要放置有可以整理個人物品的矮書櫃和隨手可以取得的各種工具，如果有能夠掛出可立即素描出點子想法的工具那就更好了；另外，如果可以設置個人電腦，將有利於尋找資料或是進行儲存；工作區能夠靠近窗邊，可以看到窗外景色的話會更好，在窗台上可以放置個人的簡單物品或是照片、花盆等，以營造出個人的獨特氛圍。

　　工作室是個人的工作空間，同時也是學習的空間，因此最好避免將其打造成太過於私人的空間，盡可能放置沒有隔擋的開放型書桌，必須要將工作室的一部分空間挪出來，當作是共同作業或是可以教學空間來使用，進而讓工作室能夠獲得某種程度的擴展才行。設計工作室的教學並不是指如同學校教授那樣的講課，而是大致上讓學生們能夠實際地執

▲在設計工作室的個人工作空間裡，必須要在順手可得的距離內放置各種工具，在繪圖台上要準備有描寫紙和素描日記，在圖面架上可掛有反映出想法設計的素描圖，除此之外還要放置有麥克筆、彩色筆、木工黏著劑、膠帶、清掃用具等等。

行一部分的設計，好讓學生們在設計的過程中能夠得到收穫，這樣才能達到學生和教授之間、學生和學生們之間的自由討論和共同創作的開放性環境。

準備設計工具

　　為了成為優秀的設計人，至少要具備有如下的工具。也許要大家一次將這些工具購買齊全會有些困難，但是為了避免臨時需要使用的情況出現，還是事前先準備齊全會比較好。

- 收集想法以及整理的工具：設計筆記本或是素描本，A4或是A3的塑膠文件夾。

- 平面企劃以及發想的工具：A4九宮格（section paper）、描寫紙、黃色素描紙、西卡紙。

- 企劃用筆：硬質鉛筆（2H、H、HB）、製圖自動鉛筆（各種粗細）、支架、專業用筆（Rotring筆，各種粗細）、水性筆（各種顏色）。

- 素描用筆：軟質鉛筆（B、2B、4B）、木炭、彩色鉛筆組、麥克筆組、彩色簽字筆、水彩筆、素描筆、藝術筆。

- 正確繪製的工具：刻度尺、貼有平行尺的製圖版、三角尺（45度尺和30／60度尺）、角度尺、分線規、滑尺雲規、自由曲線尺、原型模板。

- 其他工具：護條膠帶、製圖用橡皮擦、清掃用具、磁鐵。

- 製作模型用的工具：三刃刀（45度和30度）、裁剪用刀具、壓克力刀、鑷子、接著劑、針、紗布、切割墊（橡膠墊）。

- 製作模型的小工具：木板、泡沫版（Foam Board）、瓦楞紙、模型紙、打底版、壓克力（版、棒、棍子）。

▶設計是要將自己好的想法透過有效率的形式表現出來，因此活用這些能夠正確表達出想法的工具，是設計師最基本的功夫。

- 設計人的筆記本是記錄著個人獨特、屬於自己想法的記錄本，同時也是能夠將瞬間在腦海裡浮現出的想法，透過文字或是繪畫記錄下來，收集構想的地方。在這裡可以看到設計初期的企劃構想，同時在這裡也可以將其構想延伸發展，另外根據基本的企劃和其相對的發展，也可以當作是各種想法的素描本，像這樣設計的全部過程都可以呈現在設計的筆記本上。

- 根據設計需要，筆記本可分為各種不同的尺寸來使用，能夠攜帶方便活用的是A5筆記本，放在工作室作為呈現設計概念用的素描本也有A3大小的。除此之外，也建議能夠試著多使用各種素描工具，例如鉛筆、支架、彩色筆、馬克筆、水性筆、水彩顏料等，只要多多勇於嘗試，你將會發現最適合自己使用的工具。

- 對於使用設計筆記本，不需要把它想得太過於困難，不用太過於講究什麼特別的格式，只要依自己的想法去記錄就好了，一開始就當作是進行簡單繪畫就好，不需要因為線條畫得不直就把它擦掉，也不需要因為表現得不夠完美，或是因為有部分缺陷就感到害怕，只要帶著自信持續地去嘗試，那麼就會產生屬於自己的表現方式了。

- 對於素描內容，若能以簡單的文字來附加說明，也是可以讓自己的想法再進一步延伸的好方法，在畫下素描後，別忘了要養成記錄日期或是留下簽名的習慣喔！

02. 居住空間的意義 definition

▲這是房屋的斷面圖，好讓我們能夠一眼就看清楚房屋內部，地下室有安靜的個人書房和多用途工作室，1樓則是廚房、餐廳以及客廳等共用空間，2樓則是私人空間的寢室和浴室，這是一個住宅最基本的構成方式。

　　所謂的住宅空間是什麼呢？要如何去理解住宅空間，又要如何去對它進行定義呢？

　　通常我們提到「住居」，很容易聯想是固定型的物理建築物 住宅，

但是在這裡也必須要理解為包含有居住 live 的動詞意義才行，「住居」的意義也可以視為是由家的「住」和家的「居」的名詞型單字組合而成，但是若更仔細地以漢字意義來看的話，「住」是指「人為主人」、「以人為中心」的意思；而「居」則更具有動詞型的「住」、「生活」、「存在」的意義。在這種意義之下，英文中用以表達居住的單字「house」是如「家」和「住宅」的名詞型，雖然也同時強烈地指稱建築物的本體，但是同時「housing」也強烈地表現出在其中生活的意思；在法文中代表居住意思的「resi-dence」，也同樣包含有「坐在其中度過時間」的動詞意義。

因此，關於住居的定義，希望大家可以理解為「以人為主人，在其中生活的住宅」、「人長久停留休息的固定場所」，只是單純地建蓋出一個建築物並不能讓住居這個單字成立，必須要是在人進行「居

▲為了要發現新的意義，有時必須要後退一步來觀察才行。如果有一個空間是要當作客廳使用的話，那麼就必須要思考：所謂客廳的空間所具備的真正功能是什麼，同時也要一併考量到其與外部空間的關係必須要達到何種目的。

住 dwelling」的前提之下，才會具備住居的真正意義。

　　換句話說，若不能反映出人們居住的生活，就不能稱之為住居，家必須要成為能夠涵蓋生活的文化搖籃，人的家除了是有如動物的居處和解決其他本能需求的地方之外，同時也是反映出人類生活的各種文化、意識和生活形式的空間。

　　好的住居標準並不在於家的大小、裝飾，或是使用的建材，能夠好好地展開人的生活才是關鍵，就算是住在最高級的住家或是大坪數的公寓裡，如果不能滿足住居的基本意義，就不能算是好的住居。

　　「居住」並不是指定置在我們所住的公寓或是住宅等特定的領域之內，而是配合著各種生活世界和周邊條件，在其中展開固定的生活模式，也可以想成是我們人類的存在方式，居住是指將自己的生活（世界）投射出來，同時展開自己的生活，因此為了設計出符合上述意義的良好住宅空間，必須要明確地分析居住者的生活和住居要求。

03. 理解設計的過程 design process

設計過程的重要性

　　設計並不是像魔法一樣，「砰！」的一聲就會在某個瞬間突然出現，在要進行任何事情或是創造出某個新的東西時，都一定會有「開始和結束」，若想要成功地執行一個設計，也必須經歷各種階段過程才能夠達到目標，由於設計是設計師要讓自己主觀的想法獲得對方客觀的共鳴，因此必須要開發出專屬於自己、具有獨特魅力的邏輯和表現方法。

　　特別是對於現在才剛接觸設計的新手們，有關設計過程的訓練更是不可或缺，當從一個階段前往下一個階段時，必須思考接下來要做什麼、要查看什麼資料、要如何使點子想法繼續發展、最有效的表現方法是什麼……，雖然在一開始無法完整掌握作業的過程，但是透過設計過程的反覆訓練，將會在設計過程中慢慢地掌握到自己的主導力量了。

　　若是關於設計過程的訓練不足時，在製作作品的過程中，很難獲得統一或是讓人感到滿足的結果，通常只是以直觀的方法或是只透過自己的感受去解決設計問題，因此其設計的過程和完成的作品容易會出現嚴重邏輯跳躍和陷入自我邏輯的情況發生。

　　另外，在其完成的作品中也可以看出設計概念缺乏整理，或是就算擁有好的概念，但因表現不成熟而無法讓想法完整地表現出來；有時也

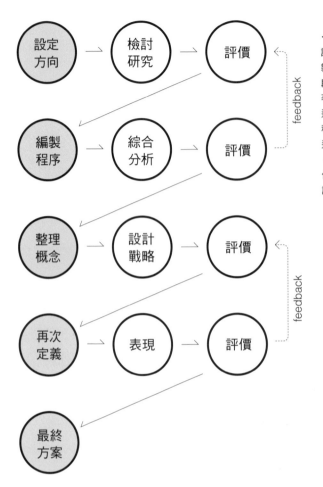

▲設計的過程大致分為設定設計方向、資料整理和分析的編製程序、設計概念的定義等階段，在經過具體的企劃後，接著進行整體的財政編算，最後進行製作最終方案。在這個過程中會進行多次細部階段的溝通修正以及居住者的回應（feedback），當設計師和居住者逐漸達到共識之後，此設計的核心概念才會成立。

會在接觸設計過程時，因不知道要從哪裡著手解決問題而感到徬徨、耗費時間，也可能會選擇了錯誤的模仿範本等。

4個階段過程

　　如果將設計過程大致分開來說明，可以分為以下4個階段。首先是所有設計的第一階段，那就是分析、掌握專案的背景，並訂定設計的基本方向，這個階段稱為「調查分析階段」或是「編製程序programming」。在調查分析階段中，又可以分為決定設計目的和範圍、掌握問題點、收集需要的資訊、劃分和空間設定等過程。第二個階段可以稱為設計的核心階段，也就是訂定設計「概念concept」的過程，該設計概念必須依照前一階段的編製程序分析內容為基礎來進行，同時也必須要成為下一階段的設計邏輯中心才行。

　　此時還必須要做出與他人具有差別性和獨創性的設計，而第三個階段則是將對於專案的想法，以能套用在實際空間的型態，進行具體化的「制定計畫 planning」過程，基本上在這裡會決定建築物的外型和內部空間的輪廓設定，並且與客戶進行討論和進行調整作業。若是在平面方向獲得某個程度的共識後，即開始繪製各設計圖面（平面圖、立面圖、俯視圖、斷面圖、展開圖等）。最後的第四階段是將到目前為止所進行的作業內容，以容易理解並具有效果性的形式來作呈現，也就是利用設計

Design Process

Programmig	Concept	Planning	Presentation
• case study	• design concept	• plan esquisse	• panel layout
• client analysis	• mass study	• study model	• modeling
• site anaysis	• space layout	• interior elements	• verbal presentation
• space programming	• idea sketch	• drafting	• portfolio

▲設計過程大致區分為4個階段，在每個階段中必須要執行的作業內容又分別整理為4個項目。剛開始學習設計的學生們可以反覆地確認該圖示所標示的各種內容，進而熟記設計的整體流程。

師優秀的想法來向案主說明、說服對方的「介紹報告^{presentation}」過程，介紹報告所使用的方式並沒有制式的規定，只要能將自己的作品以最明瞭並有效果的方式來進行呈現就可以了，一般通常會製作壁板和模型，根據需求，有時也會製作實際品或是投影片、動畫，以及空間表現等來進行說明。

　　每個過程並不是都是完成一個階段後才能進行下一個階段，透過反覆的溝通回應，必須不斷修正前一階段的內容，並且進而發想出更新的想法。另外，根據各專案內容之差異，在進行 4 個階段的過程中，必須要將重點放在哪一個特定階段裡也會有所不同，這是因為設計是不能用某種訂定的公式來執行，能夠根據各自的喜好和思考方向去進行更深入的思考是一件好事，因此，新手設計師們必須依序經過一連串的訓練過程，以漸進式的方式來學習，同時慢慢地熟記設計思考的邏輯體系和其表現手法，當基礎打穩之後，若是能夠獨當一面實踐設計過程，那麼就能成為一位具有個性的設計師了。

提出有關家的問題

　　根據不同的觀點來看待一個對象時，通常會出現各種不同的解說方法。例如所謂的「花」，雖然一般被大家認為是美麗的對象，但是在詩人的眼中有可能成為隱喻的對象；而對環境專家們來說，則是改善環境層面的研究對象；又或是以經濟的觀點來看時，即變成可以操控的對象；若被當作是開發地區的障礙物時，就成了必須要被剷除的對象。

　　那麼，「家」又代表著什麼呢？家的定義隨著每個人的思考觀點，其定義也會有所不同。例如在都市住宅中最常見的公寓，通常被認為是具有經濟投資價值的對象，或是富裕的象徵，另外，為了講求有效的管理和生活的便利性，比起獨棟的住宅，有些人會比較偏好喜愛公寓。像這樣把家視為一種經濟的手段或是強調功能便利性的觀點，讓我們必須進一步思考，在現實生活中家所擁有的基本價值是否喪失了？過去傳統住宅所擁有的空間或是親環境的配置方式，在現代生活周遭的家中是否還能看到？我們內心裡渴望擁有的社群概念 community 是否還存在？生活模式是否反映出講求多變的現代人的居住要求？該環境是否是未來也能持續居住下去的環境？為了進行新住宅空間的設計，首先應該對家抱有根本的認知，要明確地了解在現代社會中，家所擁有的價值，以及在未

來的社會中所代表的意義，在進行任何設計作業之前，都必須要先從提出各種問題開始著手。

透過相關的資料來增廣思考的空間

在掌握一個問題之後，為了要解決該問題，應該去查詢各種相關的資料，並且將其作為自己設計邏輯的基礎，透過查詢資料的過程，可以看到曾經遇過類似問題的設計者所留下來的解決內容，並進一步了解有關該問題的範圍、限界以及潛在性。而在尋找資料時，最好能夠透過各種類別、以多元化的方式進行搜尋，舉凡論文、報紙新聞、網路資料、記錄片、相關書籍、類似主題的學生作品或是現有作家的設計成品等（包括詩、小說、電影、CF、社論、哲學、音樂、美術等），其中提到關於家的問題意識和定義等，都值得我們進一步思考，以擴展自己的思考空間，我們可以多多觀察在各個領域的作家以及思想家是如何來定義家、而哪一個點會讓我們的思考有所轉換呢？另外，他們又是如何去描寫一個家的呢？

以主觀的態度去定義家

為了進行具有主題的獨創性設計，首先最重要的是先設定好自己主觀的想法，搭配搜尋到的各種資料，仔細思考設計的主題內容。例如有時候家會讓人回想到過去的回憶，這時就可以思考「家對我具有什麼樣的意義？」、「家曾經給我哪一種感受？」，或是「在這個時代，所謂的住居代表著什麼？」等概念。

也可以透過尋找時事性的資料（新聞報導或是影片）來增廣自己的想法，或是藉由研究撰寫有關家的電影或是小說、詩等人文資料，從中

獲得靈感等，利用這種多元化的接觸，可以腦力激盪 brain storming，並且尋找出對家的定義，進而從該意義中展開自己的設計邏輯。在這種多樣的思考中，尋找出一個有關住居的好想法之後，再將其擴大以當作是自己的主觀定義，接著可以在A2肯特紙上將自己的想法以文字和圖畫，或是圖示來進行表現，最後再透過發表來報告自己的設計內涵。

▶「家，是由無數的痕跡所建構起來的」老舊的家外表看來斑駁，牆上的油漆也隨著時間流逝而慢慢地剝落，這都是時間和日常所留下來的痕跡，就像是經過多次覆蓋的水彩畫或是油畫一樣，家也可以讓我們看到歲月所累積下來的痕跡。在這種種的舊痕跡上，反覆地用新事物去覆蓋的過程，不就是人生嗎？而進行這些活動的場所就是我們的家，因此，家也可以被視為是時間的一種層面。

有關家的主觀定義

「家是一個宇宙」

什麼我們稱廣大的宇宙為家呢？因為家是由地基、柱子、梁、牆壁、椽、天花板、屋頂等，無數的構造要素所構成，雖然這些要素都是個別存在的，但是卻無法分離，而是緊密地連結在一起，也因為這些要素緊密地結合，才能形成一個家。

人也是如此，一個單位組織是由100個以上無數個被稱為「我」的個別生命體所構成的，並且透過彼此的連結形成了一個名叫「我」的共同體，因此，可以說我是一個個體，同時也是多個個體；而我是多個個體，也同時是一個個體。家族、國家、世界也都是依照此道理所構成，地球和宇宙也是如此，因此所有的東西都是互相有關連，進而連結成為「一體」，如同上面所述說的法則一樣，所以人們才會常常把人本身稱為小宇宙。事實上除了人以外，自然中的所有事物都是一個個小宇宙，當所有的小宇宙彼此連貫在一起時，就會變成一個大宇宙了。家如同是包含有家族所有事物的宇宙空間，雖然家中空間各有區隔，但是如果將其放大來看，其實可視為是一個統一的空間，當遇到一個家族欠缺溝通的空間時，就必須要在其家中增加利於溝通的空間才行。

05. 既有範例研究 case study

延伸閱讀
part3 01-10

範例分析的意義和對象

　　研究已經完成的優秀範例是在設計過程中最基本、最有幫助的階段，讓我們試著調查相關作品的圖面和照片、文字等資料，並且透過相互比較來進行細緻分析吧！我們可以透過這些範例來研究建築物周遭的環境和建築物主體的關係，以及內部空間的動線安排以及房間之間的關係、照明、空間寬度、長度、高度、質感、用色等問題，就像是在現場進行觀察一樣，以立體的觀點來理解每一個範例，同時也要模擬以居住者的立場來研究範例，透過主觀的態度來提出該住宅的優缺點。透過分析範例，將可以學習到設計師的設計哲學，從對土地的思考到考慮居住者的需求、對環境的切合度、以及如何描繪呈現出其構想等，都是值得學習的地方。

　　住宅範例分析的對象可依照不同觀點做選擇，如果觀察揭開20世紀初近代建築新風貌的實驗住宅範例，將可以理解到現代住宅的根基，代表作品有落水山莊（Fallingwater）（法蘭克‧洛伊‧萊特，Frank Lloyd Wright）、薩伏瓦別墅（Villa Savoye）（勒‧柯比意，Le Corbusier）、施羅德住宅（Schröder House）（里特費爾德，Gerrit Thomas Rietveld）、圖根哈特別墅（Villa Tugendhat）（密斯‧凡德

▲密斯‧凡德羅的范士沃斯住宅（Farnsworth House）主要整體架構是透明的，是一種沒有重量感的設計，房屋地表面則是稍微架高與土地面產生一些空間，這是為了預防當鄰近的江水出現洪水氾濫的情況（考慮到最大洪水水位）時，所預先設想好的設計，利用薄木板做為地板面和屋頂面，再利用八個白色的鐵構造物來支撐，空間中的牆面全部由玻璃代替，內部空間除了廁所以外，所有的空間劃分都是以家具來區隔，是一個具有一體化概念的空間設計。

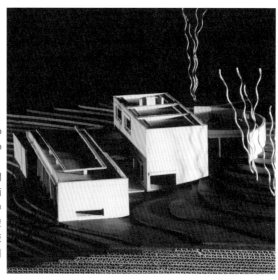

▶以清水混凝土來呈現安藤忠雄（Tadao Ando）所設計的小篠邸（Koshino House），除了是少見的人工型態以外，也可以在其中感受到家與自然之間的相關性，建築整體與地形融合為一而分為兩棟，並且在其中間設置有中庭，為了讓中庭和全景的景觀能夠被看到，住宅的牆壁設計成相框一般的開口部，牆面和天花板相接處也留出空間，以引進自然採光，利用清水混凝土的特性來營造室內的氣氛。

羅，Ludwig Mies van der Rohe），以及瑪麗亞別墅（Villa Mairea）
（阿瓦奧圖，Alvar Aalto）等。另外在現代住宅中具有實驗性質的有
Moebius House（UN studio）、斯特雷托住宅（Stretto House）（史蒂
芬‧霍爾，Steven Holl）、Gehry house（法蘭克‧蓋瑞，Frank O.
Gehry）、小篠邸（安藤忠雄）、Villa dall'Ava（雷姆‧庫哈斯，Rem
Koolhaas）等，而韓國國內建築家的住宅範例有Subaekdnag（承孝

相）、未濟樓（方喆麟）、林居
堂和慧露軒（LIM GEO DANG
& HYE RO HUN）（金孝晚）、
心齋（金伯善）、Penumbra（金
憲）等。

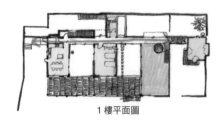

1樓平面圖

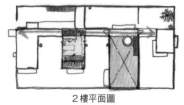

2樓平面圖

▲承孝相──Subaekdnag平面圖的空間分析素描

分析方法

分析內容可以依設計師的設

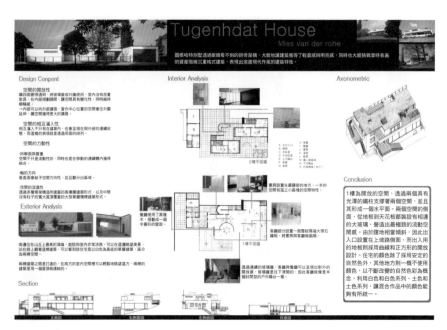

▲密斯‧凡德羅──以壁板呈現圖根哈特別墅的分析範例

計哲學、作品的核心概念、建築的配置形式、主體型態和空間構成的特性、動線安排、照明和私人空間、室內裝潢要素等主題來整理,利用作品的介紹文字和照片圖案、圖面來相互比較分析,以充分理解建築物的內外安排,除此之外,更要積極透過分析的方法在圖面上標示空間的特徵,或是以線條來表示動線的安排,為了讓空間構成能夠更容易理解,也可以將圖面立體化或是利用單純的圖表來進行呈現,另外,報告的形式可以整理成20張PPT以內的內容來發表,或是在壁板上重新編輯整體的分析內容來做報告。

應用課題

　　如果能試著將分析的範例描繪出來,那麼在進行了解作品時,將會是一種能有效了解作品的方法,在繪畫過程中,可以更詳細地掌握其空間的規模以及尺寸、空間連接的方式、內外部的關係等。試著以觀看建築物照片的方式來進行素描,透過素描,可以感受到建築整體的比例感和構成方式、與地形的關係、空間的高低或是規模的立體感等。另外也能將範例以1/50(或是1/100)的縮尺製作模型,也同樣對理解作品有

▲素描法蘭克洛伊萊特的落水山莊

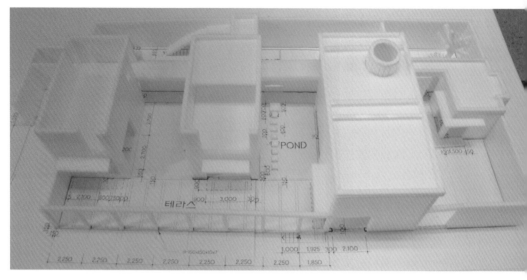

▲承孝相——Subaekdnag的模型

▲安藤忠雄——小篠邸的模型

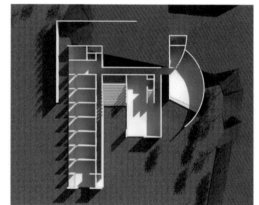

▲以３Ｄ圖示呈現安藤忠雄的小篠邸

實際上的幫助。此外，進一步還可以在分析的住宅模型上加入變形的作業，進行型態構成的實驗，這也是對於學習非常實用的過程。在這裡介紹的應用課題，都是在整體設計作業的過程中被拿來學習運用的內容。

分析使用者的需求 needs analysis

　　住宅設計的專案通常存在有特定的客戶 client，在設計的初期階段，必須要與客戶進行多次的會面討論，才能掌握客戶的需求事項以及了解客戶對居住的要求，一個好的設計是必須要能夠理解使用者的想法，並且是在明確掌握使用者的需求下進行，唯有了解居住者每個人的需求之後，才能設計創造出一個可以讓大家感到幸福的居住環境。

分析需求條件

　　為了要創造出好的住宅空間，首先必須分析、了解居住者的狀況和需求條件，唯有充分地進行這個作業，才能夠創造出多變、具有個性的居住空間。設計師應該了解的最基本事項是：家族構成的特徵（人員數、性別、年紀、性格、職業等）、生活方式 lifestyle、住居要求和障礙要素、預算以及對設計風格的偏好等，在了解這些資訊之後，可以將收集到的內容以文字或是圖片、照片、圖表等形式來整理，以這些資訊為基礎，就能掌握最基本的設計方向，規劃出空間的基本分配 zoning、空間的設定 space program、空間的適當面積、動線的安排等。在實際的作業現場中，設計師會將基本的作業內容和相關資料先提供給客戶確認，再搭配客戶的想法和喜好進行具體化表現，進而掌握設計的方向。另外，

通常設計師們也會製作「住居需求清單」提供給客戶去進行選擇確認，
這種資料在進行作業的範圍和掌握設計方向上會有相當大的幫助，在確
認清單的項目中，包含有需要的房間（客廳、餐廳、廚房、玄關、家庭
娛樂室、書房、工作室、休閒房、主人房、主人房浴室、客房、浴室、
化妝室、地下室、倉庫、車庫、洗衣室等），以及其概略大小和各房的
使用特徵，同時也包含在進行平面規劃時，必須要考慮的事項（層數、
寢室的獨立性、個別房的景觀和自然採光、挑高天花板、玄關和其他空
間的相關性、副出入口、壁暖爐、動線體系、外部空間的呈現、與鄰居
的關係、空間的可變性、廚房和餐廳的形式、客廳的性質等），以及進
行室內裝潢時客戶的喜好（照明、用色、材料）、現有家具和需要購買
的家具等確認事項。

居住者所需要的基本住居需求

為了分析客戶的需求條件（needs analysis）所製作的調查表				
建築物配置	基地的大小（m²）		需求事項（建築物的方向、主出入口、景觀）	備註
樓層別構成	樓層	規模（m²）	需要的房間和各房的面積	備註
	地下1樓			
	1樓			
	2樓			
	閣樓			
專用戶外空間	名稱	大小（m²）	需求事項（依空間別）	備註
	前庭院			
	後庭園			
	內庭院			
共用戶外空間	名稱	規模（m²）	設備內要求事項	備註
	散步步道			
	果菜園			
	休憩庭院			
	活動場所			

其他問題——請自由撰寫

- 選擇該基地的理由是什麼？（風水、地理因素、投資價值等）
- 在該基地中，你認為可以從事什麼樣的行為呢？（周末度假、平日聚會、慢跑、散步、種田等）
- 在該基地中，你認為可以愉快度過的因素是什麼？
- 透過田園生活想要做什麼事情呢？
- 如果有想要使用的內外部建築材料的話，請概略地撰寫。
- 現有的家具中，有那些是需要繼續使用的？
- 收納空間的規模大概需要多少？

設定客戶

　　設定想像的委託人或是以周遭特定的人士作為委託人，試著替這些委託人設計住居環境吧！去思考委託人的需求是什麼，首先可以從製作委託人的小檔案 profile 開始進行，先決定好委託人的性別、職業、經濟能力等基本資料，接著再考慮委託人的年紀、生活方式或是興趣、嗜好等附加資訊，如果委託人是年輕的單身者，且是從事專門職業的人，那麼委託者的生活要求事項就一定會和與家人同住的人不一樣。先決定好委託人的背景檔案以及幾個企劃方向之後，就能以這些資訊當作基礎，設定設計的基本方向了，而這種有關委託人的情境設定 scenario 則被稱之為「模擬概要 synopsis」。

▲在使用者要求的變數中，小孩房的個數和位置是設計住宅空間的變數之一，另外在進行設計時，也必須要事先考慮到子女在成長的過程中，空間的可變活用性。

製作模擬概要時需要留意的事項

為了更有趣地分析客戶的生活模式和需求，建議可以將客戶的背景檔案設定為是具有特殊職業或是有特殊興趣活動、家族構成特殊的案例，例如想像自己是在為某位知名作家設計一個家，像這樣的模擬設定除了具有真實感以外，同時也可以創造出具有趣味性的設計方案，在設計概念上也可以盡量反映出居住者的特性，另外為了能夠進一步掌握作家的個性和生活方式，透過閱讀各種資料理解作者的資料，訂定設計方向時，也會有很大的幫助。

雖然設定特殊的模擬客戶有助於設計的發想，但是也必須要小心不要極端地將客戶的背景設定得過於複雜，過度偏執（教化犯人的住宅）或是跳脫現實（擁有12名子女的家庭），比起能進行有趣的發想，這反而容易無法切確地解決客戶的需求，只會浪費時間而已，就算客戶是一般平凡的上班族，仍然會有屬於他自己的情況和需求，要能夠掌握一個人原有的生活形式和取向，才是設計的出發點。

▲透過深入思考居住者的特殊背景，在空間中尋找出解決的方案。

學生的模擬概要（synopsis）範例

01

客戶是子女都已經各自成家的老夫婦，男主人（72歲）喜歡讀書，而女主人（70歲）則喜歡彈奏鋼琴和散步，女主人一直夢想能夠過著悠哉彈奏鋼琴、修整花園、讀書、悠閒散步的生活。這對夫妻的感情很好，時時刻刻都喜歡相處在一起，年輕時由於工作忙碌而無法享受生活，因此到了退休之後，希望能夠悠悠哉哉地過日子，雖然過去生活過得很辛苦，但是仍然覺得很幸福的老夫婦，他們臉上的皺紋代表著過去的種種回憶，而陪伴他們一路走來的家也處處留著過去的種種痕跡，這對老夫婦非常珍惜這些回憶，因此希望在新的設計中能夠保留住過去的痕跡，他們認為家是和人一起變老的，長久居住的家是和主人共同擁有回憶的，所以他們想要設計出能夠保有過去的時光，同時又能夠繼續度過未來生活的家。當設計師著手進行設計這個家時，必須要掌握住設計的關鍵，那就是「皺紋」和歲月的痕跡，老夫婦想要擁有的是悠哉的空間，所謂的悠哉的空間是女主人可以悠閒地彈奏鋼琴，而男主人也可以舒適地閱讀書籍的地方，也就是要打造出過去老夫婦因為生計而無法享受生活的空間。

02

專案的男主人是一位擅長三國語言的原文書翻譯家，而女主人則是在證券界中相當有能力的女強人，同時他們擁有一位4歲的小孩。他們希望他們的家可以有讓男主人專心進行翻譯工作的空間、能夠有讓女主人可以放鬆休息的空間，同時也希望能夠擁有讓小孩安全成長和家族同聚的空間。男主人希望在家中的任何一個地方都可以看書，並需要一個能夠保管眾多書籍的書房，另外也希望擁有讓兒子盡情玩耍念書的空間，就是可以讓男主人和兒子可以一起玩耍學習的空間，同時在工作的時候

隨時看顧兒子，讓兒子能夠安全快樂地成長……，不管是停留在哪一個地方，都希望以兒子為出發點來進行家的設計。女主人則希望下班之後，能夠有一個溫暖的客廳讓一家三口共同度過夜晚時光，特別希望能夠積極地利用周遭環境的位置條件，讓他們在養育兒子的過程中，選擇最佳的環境，滿足位置條件，並且能夠符合男主人特殊職業的空間。

03

今年43歲的男主人是一位電影導演，由於工作的關係，所以回家的時間都不固定，凌晨回家是常常有的事情，男主人每天會在早上10點起床，並且在吃過簡單的早餐後，會進行大約30分鐘的慢跑和健身，在運動完稍作休息之後，大概會在

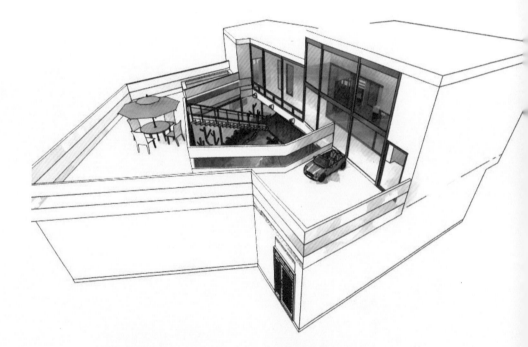

▲反映出模擬概要 2 的設計範例，為了營造出讓小孩能夠玩耍的空間，在家中設計放入了長動線的空間，同時也強調出與中庭和屋頂陽台等戶外空間的連結性。

下午1～2點左右出門工作，當有工作要進行時，就算是非常簡單的拍攝工作，通常也會忙上2個月，有時甚至一個月裡會有15天無法回家，在結束所有的拍攝工作之後，大概會有3～4個月的休息時間，此時男主人大多會待在家中，休息的時間除了待在家裡以外，也常需要進行各種工作的聯絡。另外，在睡覺之前，男主人習慣看電影或是記錄片、聽音樂來放鬆自己，平時也偶爾會招待演藝圈的朋友來家中做客，除此之外在年初也會有許多人前來拜年。這個家中除了有男主人以外，還有女主人、19歲的兒子和17歲的女兒，以及10歲的小兒子。女主人是家庭主婦，大兒子則是就讀高中三年級的學生，所有時間幾乎都在學校或是讀書室中度過，回到家通常只是睡覺；而就讀高中一年級的女兒則是一位活潑、具有強烈責任感的女孩，大部分的時間都是在家中與最小的弟弟一同度過，但是由於正值青春發育期，所以還是希望能夠擁有屬於自己的空間；該家庭中的小兒子是一位非常可愛，且受人疼愛的淘氣鬼，很難靜下心來、喜歡冒險。雖然就整體而言，這個家庭看似沒有太大的問題，但是卻缺乏了家族之間的互動和連繫，因此他們希望在設計新的家時，能夠加強家人彼此交流溝通的空間。

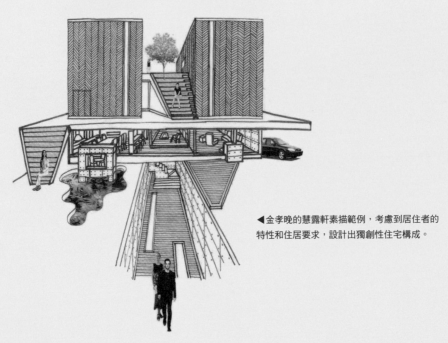

◀金孝晚的慧露軒素描範例，考慮到居住者的特性和住居要求，設計出獨創性住宅構成。

選定基地

　　選定基地是指選擇進行住宅設計的基地。在進行住宅設計時，基地的型態可說是最具有影響力的條件之一，一般來說，如果能在正方形或是接近正方形的直角四角形基地上進行住宅設計是最簡單的，但是也不需要因為接觸到的基地形狀不正常而感到害怕，有時特殊的基地或是具有強烈場所性意義的基地，反而可以設計出更具趣味的作品。

　　另外，在考慮日照以及通風等環境層面時，如果基地是屬於窄小的情況，若能以東西向的長形基地來進行設計會比較有利，而當基地很寬廣時，則可以選擇南北向的長形基地來進行平面設計。在選定基地時，還必須留意的另外一個事項是道路的形式，要確認道路是否是和基地連結在一起、還是環繞在基地的前後、或是穿過基地，隨著道路位置形式的不同，建築物的設計也會因為人和車輛的關係在配置上產生不同。

　　在組成一個新的住宅空間時，有時是為了經濟上的投資，有時則是為了要滿足居住者的住居需求，因此從選擇基地開始，就必須非常地謹慎，要以基地的周邊環境、易接近性、是否是適合居住者的環境，以及將來的變動性、經濟價值等各層面為基礎來進行判斷。

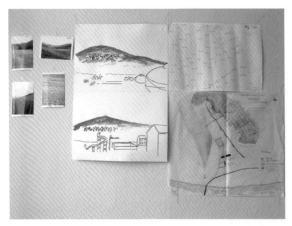

◀將基地的相關照片、素描、航測圖等
整理在一張壁板上。

◀透過航空照片,可以清楚地
看到基地周遭的現況。

◀透過拍攝各種方向的現場照
片,可協助了解基地的特性。

土地使用計畫確認書

　　土地使用計畫確認書是指記錄該基地在都市計畫上的各種內容，其中包含有該基地和周遭地區的地圖文件，可經由相關政府機關取得。透過土地使用計畫確認書，可以確認基地位置（地區編碼）、基地型態、方位、鄰接的基地以及與道路之間的關係等內容，透過基地的用途地區以及地域資訊，也必須一併掌握可建蓋建築物的條件以及規模〔建蔽率（building coverage）和容積率（floor area ratio）〕，例如在一般住宅區中，若房屋面積比率為300%時，那麼建築物的建築區域（地下層面積除外）就可以建蓋為地面面積的３倍。

▲土地使用計畫確認書的範例（韓國）

拍攝現場照片

　　為了掌握基地的基本現況，在進行設計之前都會拍攝現場照片，如果能同時觀察基地和周遭環境的話，對進行設計分析時會有相當大的幫助，當基地屬於較為寬廣的情況時，可以透過連續拍攝，將照片連接在一起，製作成一個完整的全景照片。在進行拍攝時要從基地外拍攝整體的基地，同時也要站在基地內拍攝周遭的環境，透過拍攝現場的照片資料，可幫助大家找到該基地所擁有的特別意義，另外在進行設計時，為了要創造出適合該場地的型態，最好也要養成多觀察現場照片的習慣。

▲探訪基地，進行現場調查。

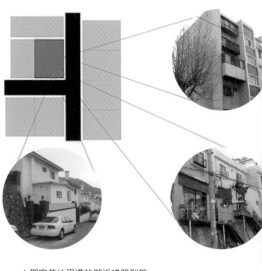

▲觀察基地周遭的鄰近建築型態。

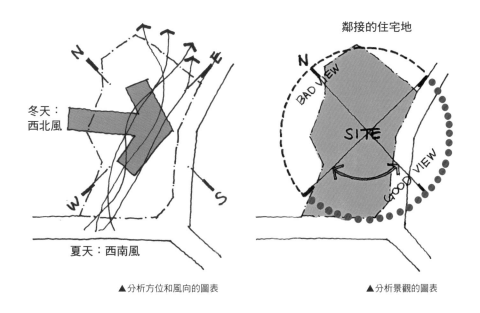

冬天：
西北風

夏天：西南風

▲分析方位和風向的圖表

鄰接的住宅地

▲分析景觀的圖表

分析基地

　　探訪基地，觀察鄰近地區的特殊狀況，仔細觀察周遭的自然環境或是人工環境與基地的相關性，並且明確地分析基地的特性，在配置建築物的位置時，最先必須考慮的事項是有關住宅的方向和採光問題的方位。為了理解照明的問題和雨水的流向，必須要先調查土地的地形地勢，此外也必須要觀察鄰接建築物的坐向和高度、周遭是否有自然環境的要素、車輛和人的活動動線以及接近性、噪音和公害要素等，這些都是決定居住品質的重要條件，因此也是在進行設計時必須要事先確認好的事項，在分析基地的階段中，如果沒有仔細確認這些部分就貿然進行設計，日後居住者在生活中可能會因為種種的不便而感到不適，因此有關基地的所有分析內容，最好是整理得一目了然，並且以圖表來進行呈現才行。

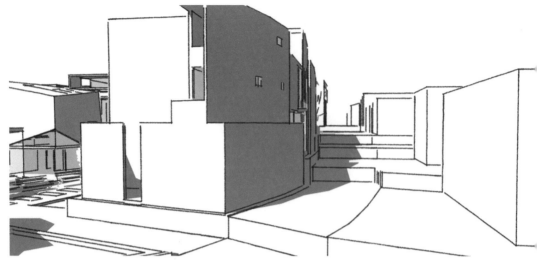

▲根據鄰接建築物的配置型態和道路的形式以及方位等，進行陰影等事項分析。

更深入地去思考基地

　　一個基地是經歷過長久的歲月漸漸累積才變成現在的土地，因此不管是在哪一塊土地上，都存在有其歷史性的脈絡，同時基地與許多連接的土地也都擁有都市脈絡的特性，因此在進行設計之前，能夠先去感受基地所擁有的固有特性是很重要的。為了要發掘土地所散發出來給人的感覺，就必須要進行多次探訪基地，並且更進一步地去思考該土地所具有的特性，在透過深入思考後，如能發現其所具有的場所特性，在設計上將有助於提供創作的靈感。實際上許多建築家們在進行設計之前，都會多次探訪觀察基地，並且花很多的時間研究該場所所擁有的特性，在切確獲得建築物型態的靈感之後，才會正式地進入設計作業。

製作基地模型

　　透過製作基地和其周遭地區的模型，將可以清楚地了解土地輪廓、土地地形、鄰接基地的現況、與道路的關係、方位等，模型是依照一定的縮尺（在設計住宅時，大多是使用1/100或是1/150左右）來進行製作，在製作過程中不需要做得太過於精細，如果能活用以ＣＡＤ做成的航測圖的話，那麼在作業上也會順利許多，而在製作模型時，要以基地為中心，進而擴展包含到鄰接的道路以及建築物，若基地為傾斜的地形時，則可以利用能夠表現地形高低（等高線）的木板或是瓦楞紙堆疊黏貼來呈現，這稱為「繪製地形線 contour」。

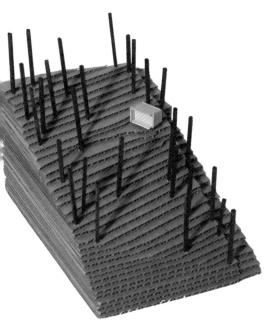

▲以傾斜地形的基地製作模型的過程

▲表現基地和其周遭地區的模型

繪製基地底圖

　　將土地使用計畫確認書的基地界線以自己想要的縮尺進行放大繪製，最簡單的繪製方式是找出基地的中心點，並且以中心點連接基地界線的各個支點進行延長，以中心點到基地界線各支點間的距離計算出縮尺，並且測量其長度後，將擴大的各個支點相連起來，就可以畫出放大的土地界線圖了，通常若套用1/50的縮尺，基地大小會呈現20～30cm左右，在放大基地底圖之後，在基地界線內畫出1m或是0.5m間隔的方格 grid map，為配置建築整體的準備作業就完成了。

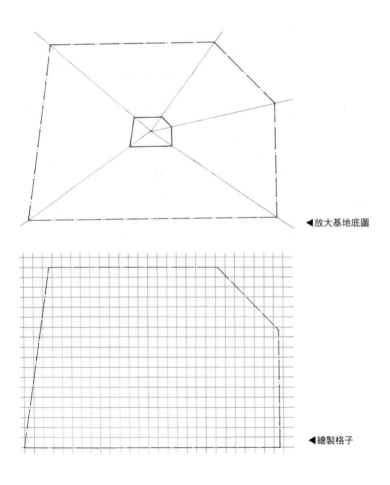

◀放大基地底圖

◀繪製格子

建蔽率和容積率

　　建蔽率和容積率是指在土地上可以建蓋建築物的規模比率。建蔽率是指和土地大小相比，建築物所占的比率，也就是指關於建築面積（建築物在土地上所占的面積）和土地面積比率的密度指標，設定建蔽率的目的在於確保土地上能夠建蓋工地的大小，同時考慮到日照、採光、通風、火災時防止延燒和波及等條件所設定的平面規模限制，另外「建築面積」則是指除了地下室以外的建築物外牆，以柱子為中心線環繞的最大水平投影面積。

　　容積率是指和土地大小相比，可以使用多少面積的意思，也就是說容積率是在建築物的延面積（實際使用的面積總和）中，在地表上延面積（專用停車部分除外）的土地面積比率，為了要確保該土地的採光和通風問題，這是屬於立體性的規模限制，在用途地域內的建蔽率和容積率比率不能超過都市規劃條例所訂定的比率。如容積率偏低，建築物就無法蓋得太高，而如果建蔽率偏低，建築物之間的空地就會比較寬廣，相對的都市環境也會變得比較好，為了營造出良好的都市環境，雖然建蔽率和容積率越低越好，但是如果無條件地設定低比率的話，基地的經濟價值也會下降，相對的也會影響到個人的財產權，因此這點也是必須多加深切思考。

08. 規劃空間規模 space programming

延伸閱讀
part2 05.06.07.08

何謂空間規劃

　　空間規劃 space program 意指掌握住宅中所需要的各個空間，並且計算出適當的空間面積進行設計利用，這可以透過簡單的圖表進行製作，同時當作是在進行平面規劃時的指針，整體的規模除了要考慮到相關建築工事費用以外，也必須要找出能夠符合現實需求的接點。

　　為了進行空間規劃，首先透過原有住宅設計的相關資料來調查各空間別的大小和特徵，除此之外也必須掌握即將入住的使用者要求和特徵，了解使用者的家族構成、各家族成員的生活模式和空間使用時間等，另外同時也要明確地掌握使用者想保留或是將來想再新增的家具和設備，以做好事先預留空間。

　　空間規劃會隨著居住者的各種情況不同，相對地其特殊性和可變性也隨之有所不同，所以無法透過一般統計資料去進行統一的設計，家族成員也會隨著時間的改變，慢慢地成長、增加、分化、變少，因此在進行平面企劃時，必須要考慮到這個相應關係，但有時也可以依照居住者的要求而套用擴大特定的空間，因此在調查完客戶的要求事項之後，根據一般的計畫基準、可變的情況以及設計者的經驗等，進一步計算出各房間的面積。

空間規劃的範例			
區分	說明	面積（m²／坪）	備註
1樓	車庫	30（9.01）	可容納2代
	客廳	24（7.56）	包含家庭酒吧
	廚房	25（7.56）	包含多用途室
	主人房	18（5.45）	包含專用浴室
	共同衛浴	4（1.21）	
2樓	子女房 1	12（3.63）	包含櫥櫃
	子女房 2	12（3.63）	包含櫥櫃
	休閒房	18（5.45）	
	浴室	4（1.21）	
	階梯室	12（3.63）	
其他	大廳以及走廊	33（6.65）	延面積的15%

每間房間的最小規模

　　玄關是進入到住宅內時所經過的第一個空間，在這裡會發生穿鞋、脫鞋、放置收納雨傘、整理收納各種物品、接應客人等行為，因此玄關的空間規模最少要達到1.2×0.9m，當然隨著個人的需求，也可以規劃到1.2×1.2m、1.2×1.5m、1.5×1.5m、1.5×1.8m等。

　　客廳是與家人共同度過時光、放鬆休息的空間，偶爾也是接待客人的空間，但是隨著每個家族的生活週期 life cycle 和生活方式 lifestyle 的不同，使用客廳的方式也會變得多樣化，因此必須根據各種要素來設定客

▲具有創意、緊密地活用廚房和用餐空間的範例　　　　▲具有創意、緊密地活用客廳和寢室空間的範例

廳的空間規模，通常在放置有沙發的情況下，最少要有4×5.5m，一般則是約5×6m的空間，如果是大客廳的情況，則需規劃到6×8m以上。

　　廚房的大小會依據家庭人口數或是家事的分量而有所不同，也會因廚房用具的配置方式而受到影響，同時也須一併考慮廚房和餐廳是否分離、還是在廚房內設置餐桌等問題，廚房的最小規模是3×3m，但根據工作台面或是收納櫃的大小，又或是在廚房內會進行的動作等，可以再調整規劃出適當的空間。

　　寢室是家中屬於個人的房間，但同時也是讓整日疲憊的身心能夠獲得休息的地方，在這裡可以聽音樂、看書等來紓解全身的壓力，如果寢室的空間夠大，可以在房間內設置專用化妝室或是更衣室，一般房間的規模在放置家具後，還能夠有足夠的空間活動的前提下，所需要的空間

為：主人房（夫婦寢室）是4.2×5m、幼兒房是3.0×3.6m、老人房（座式）則是3×4m。

浴室是必須滿足洗臉、洗澡、上廁所等行為的場所，因此應該設置有適合使用尺寸的洗臉台、馬桶、浴缸等，基本上浴室如果規劃為1.5×2.4m的話，基礎的衛生設備都可以充分地設置於其中，另外淋浴空間最少需要0.9×1.2m才行。

製作各房間別的單位

對剛接觸設計的新手來說，要掌握各房間的空間規模，並且進行分配空間是一件很困難的事情，這時如果能製作出各房間別的空間規模單位（unit）的話，在活用空間配置時，將會有很大的幫助。根據各房間搭配配置的方式不同，除了確認空間的規模以外，同時也能研究動線的關係和各房間別的連動性，而為了要模擬出各房間單位的空間規模，必

▲廚房、餐廳，以及客廳等部分的連動方式或是規模設計等，都會影響到住宅整體的空間構成。

須要活用基礎工具，但如受限於框架而無法創造出多樣的空間型態或是規模的話，那就糟了。

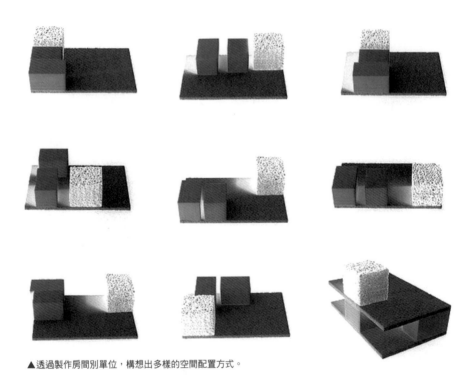

▲透過製作房間別單位，構想出多樣的空間配置方式。

part 1.
design process

Concept

09. 開發設計概念 concept development

延伸閱讀
part2 04
part3 全部

何謂設計概念

▲設計概念除了創造出屬於自己的獨創性邏輯以外，還必須要經過客觀地分析對方，並且站在其他的觀點上再次詮釋才行。

概念 concept 是指在整個專案中為了解決各種設計要素所構想的獨創性邏輯或是想法。在這裡提到的「各種設計要素」是指客戶（或是委託處）的要求事項、基地的特殊性、相關法令、既存類似案例的問題點，以及設計師的設計哲學等，因此概念可以說是在整個設計過程中，能夠解開所有問題的鑰匙，也同時是設計成品的邏輯基礎 background，而該邏輯並不能只是停留在自己的思考中，而是要透過有效地表現方式，讓對方能夠獲得同感才行。

但是，所謂的概念是非常地複雜的，同時也往往讓人不知道要從哪裡開始著手，因此必須要將過去零散存在的想法適當地統合，並且組成一個具備詮釋力的複合設計要素概念，要進行這個過程需要相當努力，雖然也可以不用想太多，堅持單純的邏輯主張，但是這通常是無法說服對方的。

活生生的概念

在前文提到的「單純的邏輯」，即指「Ａ＝Ｂ」單純定義的邏輯構造，也就是拿既有定義的一般想法或是事前的定義來套用，因為是拿一個固定的意義套用在不同對象上進行相同的定義，因此在理解上雖然不會太困難，但是相對的也就無法包含更多樣的新想法，簡單來說，就是沒有「獨創性 originality」的想法，例如「太極旗」被韓國人定義為是「必須要尊敬，且象徵國家」的國旗，因此人們進而會認為不可以撕毀或是燃燒太極旗，當在面對國旗時，也會無意識地在內心裡產生崇敬感，但是其實太極旗只不過是一個冷冰冰的表面象徵物而已。

但是到了2002年韓國與日本共同舉辦世界盃足球賽時，太極旗本身所具有的意義卻有了非常大的轉變，太極旗被人們來拿製作成衣服，製作成代表勝利的旗幟，太極旗開始變成民族的中心，同時也從原本擁有的意義轉變成各種樣式呈現出來。沒有人會去責怪為什麼要用太極旗來製作成衣服，反而因為看到這些新模式的出現而更加開心，同時韓國人們也感受到了所謂民族的一體性，這時的太極旗已經不是過去那單單只需要人們敬畏的象徵物了，太極旗所擁有的意義變得更加豐富，而這就是所謂的「活生生的概念」設計。簡而言之，活生生的概念並不是指「Ａ＝Ｂ」，而是要將隱藏在其中的固有意義，重新以各種不同的樣貌再次詮釋出來，所以活生生的概念就是賦予無限複合的意義，使其成為「Ａ＝∞」。

為了創造出複合意義的概念，就必須要能夠看穿對象，或是具有對事件的想像力和轉換事由的能力，但是要做到這點並不是那麼容易，必須要相信自己的個性，並且累積各種經驗和經歷過許多苦惱的問題，才會慢慢地增強自己思考的能力。另外，在進行每個設計專案時，如果都

能誠摯、自由地發揮想像力的話，相信也一定能夠創造出與別人不同，同時又能夠讓他人產生共鳴的好概念。

概念的三角關係

　　概念是指「以獨創的邏輯，賦予對象新的定義並且表現出來」，為了擁有更完美的邏輯構造，就必須符合「概念的三角關係 concept triangle」，而構成這三角關係的要素就稱之為「call-why-how」。

　　首先「call」是指賦予對象新的意義，在韓國詩人金春洙的一首詩〈花〉中，曾經出現過這樣的詩句：「當我在呼喚它的名字時，它就來到我的身邊變成了一朵花。」就光看詩句表面上的意思，是在形容一朵綻放的花朵，但是其中卻也投射出各種不同的影像，就如在呼喚它名字的視覺角度一樣。設計是將潛在的可能性，以新的觀點尋找出更多不同面向，並且呈現在人們面前的作業，在這個階段通常會出現設計的概念和設計的標題，但是千萬不可以把「call」這個階段看得太表面或是太單純，這裡可是包含著整個作品的架構以及整體性。

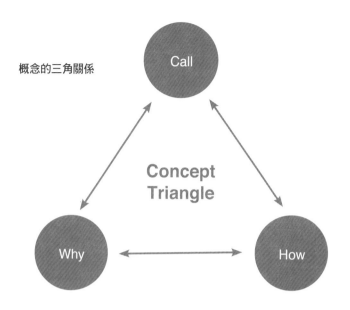

概念的三角關係

Call

Concept
Triangle

Why　　　　　　　　How

　　接下來的「why」，如同單字所代表的意思一樣，就是提出問題意識，也就是指概念的背景 concept back-ground，它是必須要提出新想法的理由，同時也是提出問題的根據、重新解釋問題的觀點。在這裡包含有以提出疑問為出發點，並且將其問題解決的過程，透過不斷地詢問why，尋找出答案的過程，可以讓自己的設計更具有說服力，如果在這個過程中沒有細密思考的話，很容易犯下跳脫一般邏輯的錯誤，唯有踏實地執行過「why」過程，才能夠帶出具有意義的下一個「how」階段。

　　「how」是設計的戰略，同時也是具體地將自己與眾不同的想法表現出來的階段，概念想法 concept idea 並沒有既定的公式，因此設計師只要能夠將自己的獨創性徹底地發揮出來，將作品的內容視覺化就可以了，這個「how」是要將自己設計的內容以具有效果性、具體性地表現出

來，為了做到這點，必須要參考一些基準的表現方式（特別是圖表、素描、研究模型等）。

　　如果設計的概念能夠在這三個要素中找到最佳的邏輯，並且將其想法進行延伸擴展，設計概念所具有的說服力就會相對提高，也許一開始構想的概念內容並不是那麼完整，但是只要透過反覆進行這個三角循環，你的設計概念一定會漸漸地變得鮮明而完整。

概念回應過程

　　概念是在進行設計的過程中，反覆地進行修正、發展所形成的，初期設定的概念可以視為設計想法的開始點，並且以這個想法為基礎，將設計的整體漸漸具體化，同時透過與客戶的溝通回應 feedback 過程，尋找出更具有魅力的設計邏輯，當抓到將設計具體化的關鍵字 keyword 時，就利用這個關鍵字來貫通整個設計，從設計最開始的問題意識 background 到細部的設計要素，都必須要以概念為中心，統合成一個完整的邏輯。

　　但是，我們也會看到有許多學生從初期階段的發想「設計動機 motive」到完成最終作品，整個過程始終堅持著同樣的構想，或是無法跳

▲以簡單的模型來示範設計的概念。

脫原有設定的框框，設計動機就如同字面上的意思一樣，代表著為什麼要進行設計的動機，但是隨著反覆進行概念的三角關係研究過程，就必須要將所獲得的新意義與概念作區分才行，動機通常是直觀且主觀的，但是概念則必須要擁有某種程度的客觀性，這樣才能夠讓他人對你所設計的作品產生共鳴，另外，也要試著將別人眼裡看似單純的東西創造成新的邏輯構造，以達到讓人刮目相看的高層次。

製作展示圖板

有關概念的想法可以透過素描、圖片照片、圖表等方式來整理，這種方式就稱為「展示圖板 concept image board」，是設計師呈現初期設計構想的手段，同時也是設定企劃方向的過程。

此時除了不停思考各種設計想法以外，也必須要隨時記錄下各種在腦海中略過的單字，透過這一個個單字發想延伸，思考是否具有可執行性，在眾多的設計想法中，如果出現了一個覺得相當重要的想法時，可以試著將想法具體化地表現出來，透過反覆進行這個過程，自己的想法也會漸漸地完整，而基本的設計想法也會變得更加豐富，另外盡可能要廣泛觀察研究相關的資料，這樣才能夠讓自己的常識思考更進一步，同時也利於找到更適合說明設計想法的參考圖片。

最後，在圖板上要依序放入能解釋設計想法的單字和圖片，而圖片和單字之間的關係也必須要事先構想好，以最有效果的表現方式製作，優先思考圖板中的內容要如何呈現才能讓對方一目了然。

當安排好適當的位置構成之後，就可以將素描放上，並且以黏接劑貼上圖片，接著製作相關的文字說明，完成展示圖板，圖板的大小大概可選擇１～２張的A2規格來進行呈現。

▲製作好展示圖板，並且說明作品想法的場面。

讓你發想出創意概念的幾個小撇步

01 獲得靈感的方法

1. 透過展示會的設置美術作品或是造型物、繪畫作品來獲得靈感：事實上有許多設計師們都會透過欣賞美術界的作品來激發自己的靈感。

2. 多多旅行擴展視野：不管是去欣賞國內傳統建築、現代建築，還是到國外去體驗不同的文化和空間，唯有多經歷各種不同的體驗，才會有更多樣化的想法出現。

3. 多欣賞共同募集展、畢業展等的作品：多欣賞各種共同募集展的得獎作品和觀察各學校畢業展的作品，對於獲得設計靈感也有相當大的幫助。

4. 多多觀察實驗性創意設計的作品：多觀察個性強烈的設計師作品集或是得獎作品，以批判的觀點來進行觀察，可多研究這些設計師的官網或是部落格等。

5. 活用相關主題的電影或是小說等社會、人文類資料：例如韓國電影有金基德的〈 家 〉、小說有金源日的〈 深深庭院家 〉等。

6. 欣賞以設計為主題的各種領域記錄片。

02 有關住宅空間的相關記錄片（韓國）

〈你是住在值得居住的家中嗎？〉──特選SBS記錄片

〈東京的空間節省法〉──KBS海外傑作品

〈我們的家是韓屋〉──KBS過年企劃、韓國人的文化第1部

〈我們的家，韓屋 第1部：重新發現韓屋〉──MBC深夜特別企劃

〈我們的家，韓屋 第2部：韓屋之美〉──MBC深夜特別企劃

〈在家中尋找家〉──SBS特別精選記錄片

〈家的反擊〉──SBS環境的逆襲第1部

〈韓文化6部曲 韓屋 第1部 韓國人的傳統韓屋〉──MBC新年特輯記錄片

〈韓文化6部曲 韓屋 第2部 今日蓋的家〉──MBC新年特輯記錄片

〈尖端建築，韓屋的祕密〉──EBS記錄片wonderful scinece

03 有關住宅空間的設計師概念

幾年前，曾經有某媒體對韓國的設計師和室內裝潢設計師進行過關於住宅空間的問卷調查，其問卷調查的標題是：「進行住宅空間設計時，最基本的設計概念是什麼？」以下是整理各設計師們的回答。

「空的」（姜辛宰）、「提出新的生活方式」（金靈昱）、「彼此互相交流溝通」（金仁哲）、「自然和人的演出」（金溪崑）、「在該空間裡可以幸福度過多久的日子？」（辛玖哲）、「以居住者為中心的空間設計」（李勳弼）、「空間中的空間」（張順閣）、「內外部的相關性」（鄭宰憲）、「生活的形成」（趙政久）、「program」（千依英）、「像家的家」（權長昱）、「根據土地或專案的差異，每次都會不同」（林宰榮）、「coiling、bending、tracking→travelism」（林忠燁）、「自然」（張海哲）、「Comfortable」（鄭哲）、「場所的形成」（韓滿元）、「家和庭院不是分開的，土地就是整體的家」（許書玖）、「能刺激感性的休息空間」（洪盛龍）。

10. 建築物型態的構成 mass plan

延伸閱讀
part2 09.10.11.12

整體企劃和素描

　　建築物整體的型態，基本上是對應著基地形狀和環境條件所構想出來的，基地的方位、鄰接基地的現況、與道路的關係等都是影響建築整體型態的因素，此外，在居住者的生活環境方面，也必須仔細考慮到隱私、住宅全景、遠景、採光、噪音、通風、動線、內心的安定感等要素，在各種條件之下，整體企劃 mass plan 可以說是進行決定實際建築物的位置和型態輪廓的過程。

　　整體企劃可以透過素描來表現，另外也可以製作更具表現效果的簡單模型來呈現設計概念，透過這些資料便可以簡單概略地了解建築物的位置、大小和高度，整體素描 mass sketch 和模型可以成為預測建築物最終結果的重要根據，在這個階段會反映出之前所進行的所有準備研究和設計內容，因此扮演著相當重要的角色。

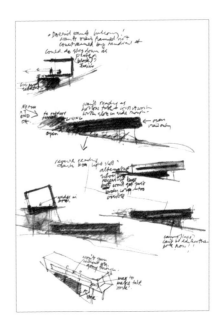

▶有關建築型態的建築素描

整體素描的方法是在基地底圖上先畫1m或是0.5m間隔的方格，接著使用透寫紙或是黃紙覆蓋，利用鉛筆、簽字筆等描繪出建築物整體，再研究基地的特性之後，可進行多次的素描，多方面地構想建築整體的配置方案，這時不要因為找到一個方案就感到滿足，要進行多次思考描繪後，分別找出其優缺點來進行比較才行。

進行整體研究 ^{mass study} 時需要考慮的事項

　　整體研究模型（也稱為「整體研究」）是將建築物的整體輪廓以區塊的型態進行構想，並且嘗試將建築物配置在土地上，這時可以用立體的觀點來看，一邊感受內部的空間感，一邊進行整體作業，另外也可以感受到空間和空間之間的水平連續性、上下層樓的垂直連接性、在內部空間裡向外眺望的景觀氣氛等，根據這些感受來調整建築物整體的組合方式，調整建築物整體的長、高、寬度。

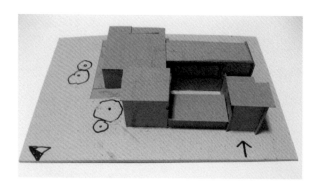

◀整體研究必須要做出多個方案，並且比較各自的優缺點之後，再決定最終的使用方案。

在大概決定建築整體的輪廓之後，接著要考慮功能和動線以及空間的層面，透過移動牆壁、地板、天花板的位置，空間的個性也會越來越明確，根據使用者的需求，也可以將大的建築整體做區分，或是相反地將小的建築整體貼在一起。

更仔細地思考建築整體的配置

- **與地形的關係**：建築物可以設置在平坦的地形上，在與外部空間的連結也會比較有利；但同時也可以設置在不規則或是具有高低差的地形上，當遇到這種情況時，必須善加利用傾斜的地形來進行設計，在傾斜地上設置建築物時，建築物依照等高線進行設置，是不破壞自然地形且最具經濟性考量的方法，相反的，如果將建築物與等高線呈垂直方向進行配置的話，雖然在地形調整上會有一點困難，但是依據傾斜的地形將可以創造出更具有效果的建築物。

- **建築物的坐向**：在決定建築物的坐向時，除了要考慮到地形的傾斜度，同時也必須思考日照、景觀、接近道路，以及鄰近建築等因素，另外也要考慮到室內舒適環境層面和節省建築能源用量等層面，為了確保建築物內部的日照充足，最好盡可能將住宅的正面配置朝向南方（北半球以坐北朝南為佳，南半球反之），為了要滿足這個要素，在土地的南方領域最好能設置有空地，與鄰接的建築物建議相距南方鄰接建築物高度的兩倍以上。

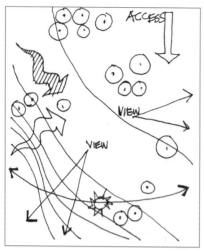

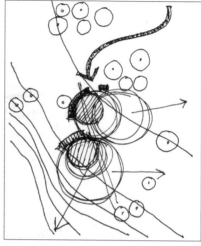

◀以整體素描、平面
素描等方式來分析基
地的一連串範例

①	②
③	④
⑤	⑥

①地形、環境分析和
　接近性
②建築的地基和景觀
③構想整體配置方案
④動線分離和劃分
⑤空間的變形
⑥平面素描

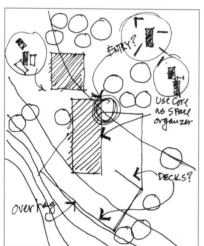

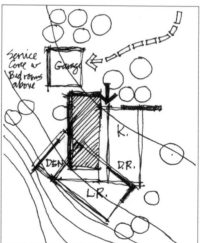

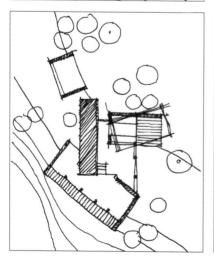

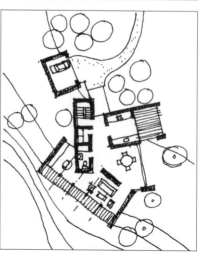

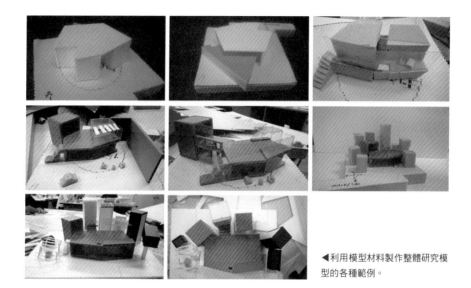

◀利用模型材料製作整體研究模型的各種範例。

- **視覺呈現的層面**：在整體研究的企劃階段中，必須要考慮到居住者的景觀和遠景，所謂的「景觀 view」是整體景致的通稱，而「遠景 vista」則是指限定的景觀，也就是透過精巧的人為方式，所可以看到的視野。另一方面，為了附加由外部看建築的視覺正面性，建議盡可能把建築的主軸與前方的道路設置為平行狀態，如此一來，建築物較寬廣的那一面就會成為是正面了。

- **確保外部空間**：將大門到玄關的通路以及前院設計為突顯住宅品味的庭園，若是將外部空間設計成圍起來 enclosure 的形態時，能夠給人具有內心防衛感、安心感以及保護隱私的效果，圍欄的規模可以有各種形式的變化，透過完全封閉式的圍欄空間和開放一部分空間的圍欄設置等方式，可以做出各具特色的外部空間設計。

11. 內部空間規劃 space layout

延伸閱讀
part2 04.07.11.20

規劃

在大概決定出建築物的輪廓之後，接下來就是進行空間的整體規劃了，在空蕩蕩的室內空間裡，要以什麼為基準來進行設計，這是一件經常讓剛開始作業的新手設計師們感到苦惱的事情，在沒有任何根據的情況下，很容易會設計出一些不合理的空間，因此在這個階段，我們必須要考慮空間的使用目的、使用時間、使用頻率、使用者的特性或是行為等，根據整體室內空間的特定性質和功能來計畫幾個生活圈領域，這就叫做「規劃 zoning」。

在一般的住宅空間中，大致可分為「私人領域 private-zone」和「共用領域 public-zone」，寢室、浴室、書房等是屬於私人領域，而客廳、廚房、家庭娛樂室等屬於共用領域。如果再仔細做區分，還可以依照生活行為的類型區分為個人生活、家族生活、接待客人生活、從事家事、生理以及衛生、娛樂等，另外也可以依動態的、靜態的、平日／夜間、1樓／2樓、主婦／主人／子女、戶內／戶外等來區分規劃空間的使用形式，這時可以將類似形式的空間聚集 grouping 在一起，再以更小的單位來配置 layout 各房的大小。

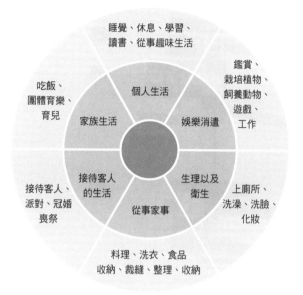

依生活型態規劃空間

（圖中文字）

睡覺、休息、學習、
讀書、從事趣味生活

鑑賞、
栽培植物、
飼養動物、
遊戲、
工作

吃飯、
團體育樂、
育兒

個人生活

娛樂消遣

家族生活

接待客人
的生活

生理以及
衛生

接待客人、
派對、冠婚
喪祭

從事家事

上廁所、
洗澡、洗臉、
化妝

料理、洗衣、食品
收納、裁縫、整理、收納

動線規劃

　　隨著規劃逐漸具體化，必須一併考慮到居住者的移動^{動線}，動線規劃是為了讓移動能夠更具效率且合理化，也就是指對應其移動方式的空間配置，必須要考慮到每位居住者的動線，甚至還要思考到訪客或是外人來到這裡時的動線。另外，需要特別進一步研究的，就是在家中最常移動的主婦動線，每個動線的距離如果能夠越短，那麼也將會越有效率。不過，根據每種情況的不同，也可以將動線故意安排得比較長，以達到讓人停留在該空間的目的。動線是扮演著連結空間與空間，同時也是賦予空間特性化的重要角色。

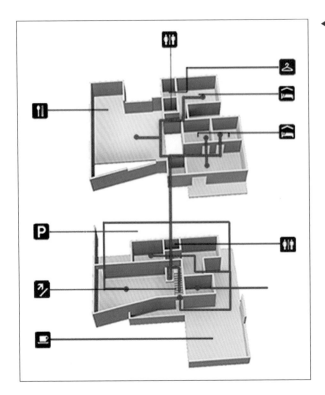

◀規劃每個空間和動線的安排。

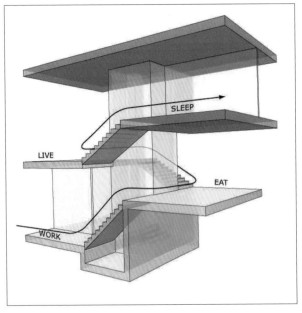

◀以夾層樓（Skip Floor，以半層樓的高度來進行構成規劃的方式）來區分住宅空間的每個功能，並且明確地處理動線安排的範例。

機能圖

　　住宅的各個空間並不是各自存在的，而是以心理性的、動線性的、視覺性的方式將不同的空間連結在一起，因此，為了將每一間相關的房間適當地連接、配置，可以繪製機能圖進行分配，透過機能圖來理解規劃的每個單位空間的相互關係，以及與建築物整體的位置關係，空間相互間的連結，以及統合結構 frame 和線 line 的構成等，藉由機能圖將可以更容易進行區分。

　　首先規劃 1 樓和 2 樓的功能性，第一個優先規劃的是生活重心的空間——客廳，以主出入口為基準來假設共同的動線，並且安排分配在朝向主用途房或是景觀良好的地方，接著是決定家庭娛樂室、休閒房等具有特定要求條件的房間位置，而會與外部有直接連結的房間或是老人房也要安排分配在 1 樓。

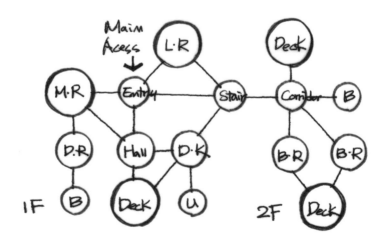

▲在泡泡圖（bubble diagram）中進行分析的階段功能圖，透過各個圓圈大略表示各房間所安排的位置和各房間的大小，根據每個房間之間的連關性來安排位置，並且以線來進行連結。

083

泡泡圖

　　泡泡圖 bubble diagram 是可以一眼就清楚看出室內每一個空間和其他空間的相互關係，以及動線連結關係的圖示。首先將建築物內需要的各個房間羅列出來，接著再考慮各種設計條件，將每一間房間的位置和大小進行具體化的安排，依照主出入口──客廳──主人房──餐廳──廚房的連結進行主動線安排，透過這個方式能夠明確地表現出各空間的關係，在該關係中也可確認相互的問題點，並且以平面企劃的基本方向來設定，待透過泡泡圖將空間之間的相互關係決定好後，就可以開始進行平面企劃了。在製作泡泡圖時，務必同時掌握住「解決功能＋動線安排＋賦予個性」的思考方向。

方向

　　在構想內部空間時，還有一個必須留意和思考的事項，那就是方向的安排，方向會與日照量、室內氣氛、照明，以及家具配置的問題有關，因此這是必須要納入考慮的要素之一。以韓國為例，建築物朝^{南向}時，夏季的太陽高度較高，因此照射到室內的太陽光不會很多，相反地在冬季時，照射到室內的太陽光則比較多，因此會讓室內空間較為溫暖，所以像是客廳、小孩房、老人房、作家的書房等，需要長時間停留的空間大多安排在南向的位置。^{東向}由於早上的太陽光會照射到室內，冬天的早晨雖然很溫暖，但是到了下午卻會變得較為寒冷，因此將寢室、廚房、儲藏室、餐廳等安排在東向會比較恰當。^{西向}則是由於到了下午太陽光線會照射進來的關係，因此在夏季時會比較炎熱，這時可以將需要殺菌、保持乾燥的浴室或是化妝室等安排在這裡；但是較高溫度可能會讓食物較容易腐壞，因此要盡可能避免將廚房設置在西向。至於

各方位別的環境條件特徵 & 可安排的房間範例

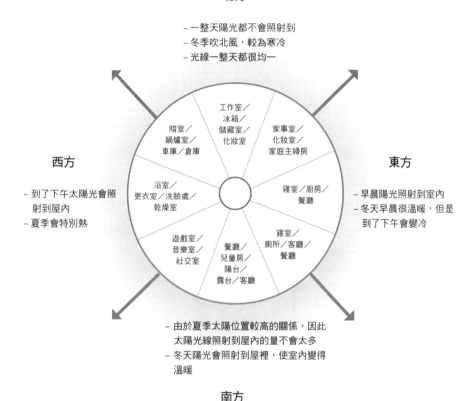

北方

– 一整天陽光都不會照射到
– 冬季吹北風，較為寒冷
– 光線一整天都很均一

西方

– 到了下午太陽光會照射到屋內
– 夏季會特別熱

東方

– 早晨陽光照射到室內
– 冬天早晨很溫暖，但是到了下午會變冷

工作室／冰箱／儲藏室／化妝室

暗室／鍋爐室／車庫／倉庫

家事室／化妝室／家庭主婦房

浴室／更衣室／洗臉處／乾燥室

寢室／廚房／餐廳

遊戲室／音樂室／社交室

餐廳／兒童房／陽台／露台／客廳

寢室／廁所／客廳／餐廳

– 由於夏季太陽位置較高的關係，因此太陽光線照射到屋內的量不會太多
– 冬天陽光會照射到屋裡，使室內變得溫暖

南方

北向則由於一整天都曬不到太陽，再加上冬季吹北風，因此這個方位屬於較寒冷的區域，但是由於光線整天都很平均的關係，適合作為收納空間、儲藏室，或是作業空間的工作室。

整理計畫個案

　　為了能在設計時能夠有效、快速地參考各種資料,可以將平時看到的住宅空間的基本功能、規劃、動線安排等相關內容以計畫個案分別整理,也可以透過每間房間的特徵和規模、安排原則等來整理,並且多多觀察空間構成(地板、牆壁、天花板、樓梯、開口部等)的範例,將設計要素(家具、照明、建築材料、用色、用品等)多樣化的範例統整起來,同時也收集在設計時可供參考的各種報導或是文字、圖面、照片、圖表等。

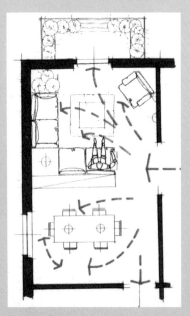

▲客廳和餐廳的動線安排分析

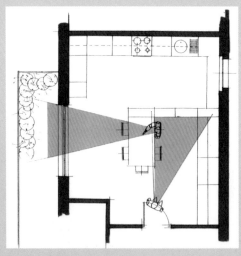

▲廚房和餐廳的動線安排分析

12. 描繪出想法 idea sketch

　　為了要讓概念具體化，有關空間構成的各種想法則必須透過視覺化的素描來呈現。素描是將在編制程序階段和概念設定階段中，將不明確且複雜的資料統整好，並且使其具體化的過程。素描是讓概念進一步發想，尋找出更好的設計結果所不可或缺的具體化階段，就如同繪畫室內透視圖，比起精密的呈現方式，透過簡單的視覺化來呈現構想型態和空間更為重要，隨時將腦海中瞬間出現的想法和靈感以視覺化的方式整理出來，並且將該形態和概念一步步發展成實際的作品。

　　素描是將自己的邏輯具體化的戰略，同時也是製作出差異性設計的重要核心技巧，不管是學校的設計課程，還是現場實際設計，其作業效果都可以達到最佳化，以輕鬆的方式將自己的想法傳達給別人。雖然現

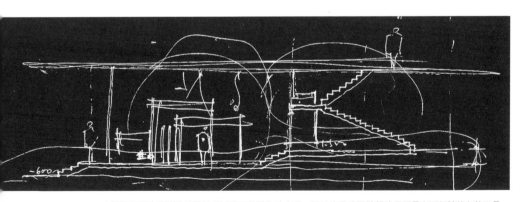

▲描繪出想法是將設計師的想法進行具體化的表現，同時也是確認該想法是否具有可行性的有效工具。

◀描繪出想法是將自己的新概念快速
地以平面、立面、斷面、透視圖等各
種方式來表現的手段。

在電腦繪圖已經相當便利發達，但是素描仍然是可以快速將自己的想法
表達出來，同時傳達感性的表現工具，是一種非常強烈且具有效果的表
達方式，因此，要擁有能夠繪畫出設計想法的素描能力，必須要接受一
連串的訓練和努力。

累積素描實力

　　在進行繪畫素描時並沒有一定的形式或原則，可在方格紙、描圖紙或是素描本（設計筆記本）上活用鉛筆、彩色鉛筆、水性筆等，透過利於自己表達想法的工具具體描繪出想法，不需要特別使用製圖工具，只要自由地用雙手將想法繪畫出來就可以了，這個過程就叫做「徒手素描 freehand sketch」。不要因為畫出來的素描看起來很幼稚、粗糙就感到害怕或丟臉，單純地記錄下隨時想到的概念，並且透過圖示將概念一步步具體化、理論化，能夠留下設計想法的素描才是最重要的，隨著反覆地進行素描的過程，概念性的思考也會漸漸地具體化，進而發展成為可套用在現實中的空間想法。

　　素描的內容可以利用平面、立面、斷面等形式來描繪，另外也可以用３次元的透視圖來表現，有時透過概念性的圖表來呈現，也會獲得抽象性意象的空間效果，為了讓素描的內容更具有視覺性的效果，也可以利用彩色鉛筆、麥克筆等著色，或是放入資料模式、照明效果來突顯空

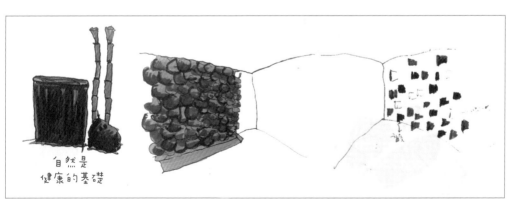

▲描繪出活用自然素材的親環境空間概念的範例

間氛圍，又或是可以利用拼貼^{collage}相關圖片的方式與素描內容結合，呈現出擁有強烈訊息的內容。

一開始畫的素描也許看起來亂七八糟的，腦海裡出現的想法和透過雙手畫出來的結果也有可能完全不同，但是只要透過持續地練習，一定會逐漸產生自信心，同時也可以創造出屬於自己的表現手法，唯有不斷地練習，才能讓雙手和頭腦連動，表現出具有創意，又能夠貼切呈現的圖畫。在過程中必須勉勵自己持續努力練習才行。

空間構成的實驗

為了尋找主要空間的設計想法，可以多方面地去變化空間構成要素（地板／牆壁／天花板／開口部／樓梯）的構想方式，也要多嘗試新形式的空間容積構成、空間和光線的關係，以及空間和空間之間的聯繫方式等，例如在地板面將一部分地板架高、降低使地板產生高度的落差，製作出特別的空間；或是將牆壁的一部分挖一個大洞void，使其與整個空間實體solid產生強烈的對比感；又或是在一個大空間裡插入另一個小空間，創造出具有象徵性的特殊氛圍感。

在兩個空間之中加入緩衝的空間，使視覺上和機能上能獲得空間感的效果；透過導入自然採光來增加變化感；或是根據樓梯的配置加強上下空間的延續性等，各種的實驗性思考方向都可以透過素描來進行。

以多方面的思考為基礎，隨時將發想的靈感以簡單的圖示素描下來，或是利用概略的室內透視圖來表現是很重要的。但在此階段需要多加留意的是，不管是2次元還是3次元的表現，都必須要掌握比例縮尺的概念進行素描，若是完全沒有比例概念的素描，當轉換成實際作品時，將會變得非常地困難，同時也容易浪費不必要的時間和精力。

▶各空間的簡單
概念草圖素描。

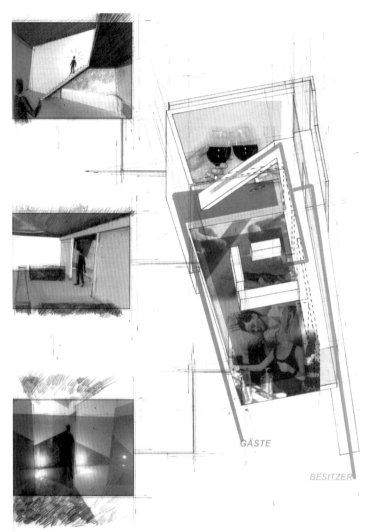

GÄSTE

BESITZER

給第一次接觸設計的新手們

在結束編制程序和概念階段時，對於初次接觸設計的新手們而言，將會面臨到第一次的關鍵時期，那就是雖然是帶著熱情、積極的態度展開設計，但是當真正在進行設計時，才會發現需要進行的課題內容比想像中還要來得龐大許多，同時也會很驚訝地發現，我們所居住的住宅空間設計中，竟然會有這麼多需要考慮的事項等。另外，在利用木板製作研究模型之後，要如何進行修正改變，對於新手們來說也是一件容易讓人不知所措的事情，再加上還要整理手邊的各種想法，雖然是很有企圖心地想要展現個人的獨創性概念，但是卻因為種種的不知所措，反而會開始對設計的核心感到混亂和迷惘。

如果內心開始出現這種狀態的話，就代表你真的進入到設計的過程裡了，具有創意的設計師思考，是不會停留在自己現存的常識次元裡的，他們總是思考著「就這樣嘗試做一次看看吧！」他們認為在自己的常識次元中所看到的東西都只是一般水準而已，如果就此感到滿足或是固執於其中的話，將無法構想出好的設計，必須要打破常識，才能使某種新的設計被創造出來。

那麼，這時就必須不斷地動腦思考要如何打破常識，為了讓自己的想法更加優秀特別，不只要持續地尋找參考各種書籍和資料，同時也要多多與他人討論，不讓自己陷入在個人的思考中。為了要拋開固定的觀念，透過多看電影、到公園散步，以及觀察天空上的星星等方式都可以開闊視野，另外也必須安靜地坐下來，靜靜地觀察、等待著自己的內在所激發出來的某種靈感。

在設計的世界裡，設計師們的任務並不只是單純地創造出一種型態而已，設計是必須具有實用性，同時又兼具感性概念的行為。根據使用者的要求事項去設計，雖然是進行作業時的必要條件，但是卻不是充分的條件。也就是說，設計的真正意思並不只是侷限於事物字面上的涵意而已。

選擇用色或是壁紙等材料時，並不是在進行外表的包裝，這具有慎重選擇其空

▶在創作的過程中一定會伴隨著痛苦的時光，唯有經歷過破繭而出的過程，才能夠創造出新的生命。

間內容物的涵意，這些都是能夠讓人傳達深刻感動的內容物。因此，如果是你的話，會選擇放什麼東西在裡面呢？所謂的創造，是一條「既孤單又必須擁有活躍思考」的路，為了讓自己的思考能夠活躍地發展，踏出第一步總是特別痛苦的，就像是為了要展翅飛翔，就必須要站在懸崖邊一樣，前往陌生領域的探險從此刻就要展開，不需要感到害怕，也不要退縮，為了能夠讓自己更上一層樓，就必須要一步一步、穩穩地跨出每一個步伐。

　　如果自己無法提起勇氣的話，那麼也沒有人可以為你打開這條陌生的道路，每當踏上一個新的領域時，所有事物都會是陌生的，而這條道路上會發生什麼事情也沒有人會知道，因此必須要帶著慎重且具有挑戰的心去面對創作這條路，試著活化你的想像力，去找出更多的創意吧！不要感到猶豫，也不要停下腳步，努力地將自己的想法呈現出來，熱愛自己、相信自己的潛能，所有創作的新根源都是從自己出發的。在各位的創作舞台上，你自己就是主角。

part 1.
design process

Planning

13. **尋找平面方案** plan esquisse

平面企劃的過程

在完成設計準備階段的規劃、動線、機能圖、方向、空間規劃之後，接下來就是平面企劃了。首先決定玄關和主出入動線 main approach 的位置，在內部空間中設定好主動線的走向，另外根據規劃和機能圖中的內容具體化的過程，判斷出各房間的位置和大小是否需要修正、變形，或是發現該設計的優缺點。中心空間要設定為客廳和樓梯、決定寢室的位置，再以其為延伸，決定庭院、中庭、陽台等外部環境的位置。

另外也要同時思考到做家事時的移動路線，決定廚房、餐廳、多功能室、家事室、後院的位置，以及各房間所看到的景觀條件或是採光、通風、換氣、噪音等環境條件、房間和房間之間的相聯性等；同時也要進一步思考家族生活周期的變化，進而延伸到內部空間的可變性問題；或是根據家族成員的特殊情況（殘障人士或是老人等），設計無障礙空間 barrier free 等。在這個階段中，為了要套用新的住居概念，通常會比一般基準還要更加強調或是縮小平面配置。

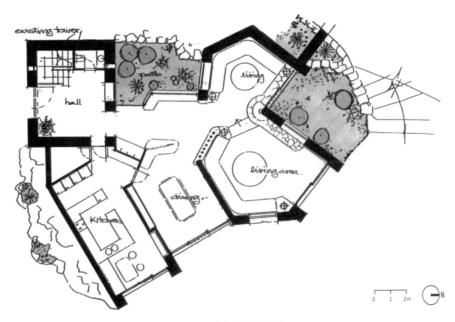

▲透過平面素描跳脫出既有的框架，創造思考出各式各樣的平面方案。

平面草圖

　　當大致決定好建築物的整體架構，建築物的內部也透過規劃和泡泡圖掌握空間的構想輪廓之後，接著就可以在方格紙上素描出平面圖了，而這種平面圖就稱為「草圖 esquisse」（rough sketch）。透過設計概念和空間的規劃，站在各種角度來思考平面構成的方案，待思考出多種方案後，選擇出 2～3 種最具可行性的方案，接著再繼續將圖畫修正成更具體的呈現方式，在比較過各種方案的特徵和優缺點後，選擇出最佳方案作為最終要執行的設計。

　　掌握平面方案的方向後，請多方尋找能夠讓功能和設計概念更加完整的方法，這同樣也是透過反覆地素描繪畫平面才能達成。

雖然此時進行的是平面素描，但是設計師必須考量到空間的立體性，同時也要顧及到人的動線、空間氛圍、各房間之間的連關性才行，並且一併初步思考房間大小的調整、開口部的位置變更，以及家具配置等問題，此外還要特別留意的是，在實際移動的過程中，是否有足夠的空間，或是會產生使用不到而廢置的死角空間 dead space 等問題。

如果初期階段能夠更精確地整握空間的縮尺比例，在進行平面企劃時就可以減少執行上的錯誤。為了要避免不必要的錯誤，建議先畫好方格，再進行平面構想會比較好。基本上方格的間距代表0.5m或是1m，待繪製好方格後，可在圖面上覆蓋描圖紙或是黃紙來進行平面的素描。此時可以多嘗試誇張且多樣化的平面素描，並且在素描圖上再放上描圖紙或是黃紙，將素描的內容物更具體化的細部描繪出來，透過反覆描繪來尋找出最適合的方案。

在繪製草圖的過程中，不需要特別使用尺等工具，能夠以徒手快速地素描是最好的，另外如果能夠活用各種粗細或是各種顏色的水性筆、鉛筆類（自動筆、2B鉛筆等）也是很好的方法，大部分的設計師都會變化利用彩色鉛筆或是麥克筆來進行作業，而在進行平面草圖的過程時，如果能夠先繪製好簡單的透視圖，可以讓自己的想法變得更具體化。唯有設計師自己經歷過多次的反覆練習後，才能發展出為更具效果性的表現技巧。

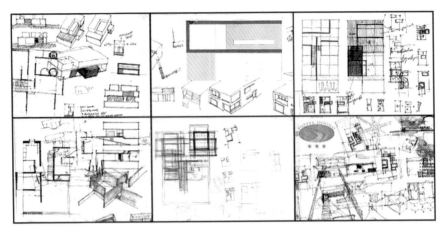

▲ 在整理平面方案的同時，也必須再次檢討整體的設計內容，建築整體的構成和建築的
立面形式、空間劃分和動線安排、內部空間的氛圍等，都必須要綜合起來再次評估。

研究平面方案的重要性

在住宅空間設計中，最基本的就是平面企劃了。從準備階段中整理的所有資料和分析內容，都必須要放入平面企劃中，並且將設計師的新概念特性放在空間中實際表現出來，除了要對應出基地特性、周遭脈絡、方位／風向／景觀等環境因素以外，還必須要反映出空間的規劃、居住者的生活方式和需求等，兼顧到每一個層面。例如掌握平面方案之後，接下來比起去強調特定的部分，進一步去思考可能會有的問題點，並且尋找出解決方法反而更加重要。如果設計師忽略了無法解決的問題，或是認為這些問題不重要的話，日後在設計上一定會出現嚴重問題。為了要迎合設計的某些部分，而要「居住者忍受」某些無法解決的問題，這是一個錯誤的想法，在所有設計的過程中，都一定會遇到必須解決的各種限制條件，當我們在面臨各種限制條件時，必須尋找出一個

盡量能解決所有問題的方案，這樣才能稱為「好的設計」，同時也才能創造出讓使用者滿足的作品。不管是選擇什麼樣的方案，絕對不能犯下執著於一兩個設計概念，而不去徹底解決其他問題的錯誤。為了避免這種錯誤的發生，在進行平面企劃時，就必須要多方的思考，並且構想出多種可以滿足設計條件的方案，並且將每個方案徹底地比較研究，篩選出最合理且具有個性的最終方案，如果跳過這個階段而盲目地執行設計的話，很有可能會建蓋出問題重重的建築物也說不定。

▲當平面草圖整理到一個程度之後，就必須要以適當的縮尺來放大圖面進行繪畫，這時可以在圖面上覆蓋描圖紙或是黃紙來進行作業。

在平面方案中需要研究的事項

– 是否反映出方位、日照、風向、景觀等環境的要素。

– 是否充分地考慮計畫到人和車輛的接近性。

– 是否依照對建築構造和設備的基礎理解來進行規劃。

– 在規劃以及動線安排上，是否充分地反映居住者的要求和功能層面。

– 是否考慮到各房使用者的特性和關係以及環境等層面。

– 在居住者的行動中，是否規劃出能夠充分活動的最小空間。

– 樓梯的位置或是型態是否恰當，以及樓梯的階梯數是否充足。

– 家庭主婦做家事時，房間的動線連結和內外部連結是否恰當。

– 是否也一併考慮到玄關、庭院、造景、其他空間、車庫等戶外空間。

– 是否有出現死角空間 dead space 。

閱讀範例圖面

在平面企劃上，如果想要再讓能力更上一層樓 upgrade，學習仔細閱讀範例圖面的構成方式和表現方式會有很大的幫助。透過對照圖片和照片，可以感受到實際空間的氛圍和規模，沿著居住者的動線，試著去感受視覺的動線和空間的開放性，研究範例中房間和房間是如何連結在一起、內部和外部的關係又是如何設定的。

同時也要觀察範例中是否有在其他住宅中所沒有見過的特殊問題解決方式，以及圖面上線條的細微變化在實際空間中會產生什麼樣的感受等，這些都可以透過範例圖面來累積自己的經驗，同時對自己在進行平面企劃時也會有相當大的幫助。另外，當發現具有特殊魅力的範例時，可試著以描圖紙覆蓋在圖面上，進行徒手描繪，這是不錯的學習方式，圖面上的細密處需要多加練習，才能使自己更加熟悉設計和作業方式。

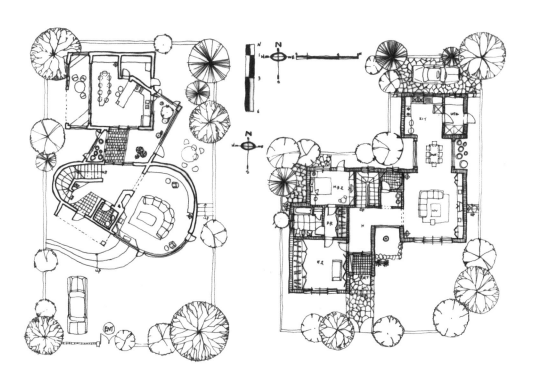

▲試著利用範本來練習徒手繪製圖面，以了解空間構成的特徵。

14. **檢查研究模型** study model

延伸閱讀
part2 05.06.07.08

　　研究模型是將概念階段的空間想法，或是在平面企劃中整理出來的內容製作成模型，將自己的概念和企劃案以立體的形式表現出來，在進行確認設計時非常實用。如果說整體研究是指對建築物的型態（整體）進行概略性的模型研究，那麼研究模型就是使用較大縮尺的比例來製作模型，並且將建築外型的細節特徵或是內部空間構成特徵以更具體化的方式表現出來。製作研究模型可以幫助設計師再次確認建築物的外型和內部空間的關係、確定內外部的視線和動線安排、自然採光和景觀問題等，另外在進行模型研究時，往往也能再發想到更多更好的設計想法。

▲內部空間的研究模型

▶外牆處理的
研究模型

研究模型的製作過程

1. **決定模型的整體大小**。製作建築物的型態和內部所有的隔間，以表現
   出整體樣貌；或是可以選擇將設計概念強烈的某一部分空間來放大製
   作呈現，此時必須預先決定好適當的縮尺比例。

2. **選擇和自己想法最貼近的材料**。研究模型的材料有高密度隔熱板、方
   格板、硬板紙、瓦楞紙、金屬板、壓克力板、鋁板、底片紙、白塞
   木、鐵絲等，並思考材料的物性要如何活用才適當。

3. **準備圖面**。根據符合縮尺比例的圖面（平面圖和立面圖）來進行放大
   或縮小，要準備各樓層的平面圖，內部的隔間要大致表現出牆壁或是
   地板的高低，在正式進行製作模型之前先決定好製作的優先順序，並
   且謹慎地呈現表現手法。

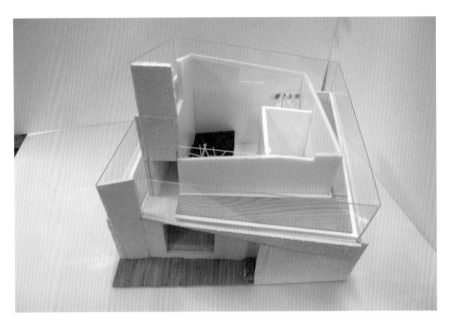

▲研究模型的製作範例

▲研究模型的製作範例

4. **透過裁切、黏貼模型材料，製作模型的型態。** 在平面圖的底板上黏貼模型材料後，根據圖面的輪廓線裁切出地板面，接著在地板模型上依序做出牆壁、柱子、開口部，以及樓梯等室內需要的構造。另外也要根據自己想要實驗的內容來進行挖洞、黏貼、堆疊等作業。

5. **透過更細緻的表現方式賦予立體感。** 在地板或是牆面上使用簡單的材料，或是放入符合縮尺比例的家具模型，可以讓人更進一步感受到空間的實際感，另外如果可以放入符合縮尺比例的小人模型，就更能夠有效地表達出空間的規模了。

6. **最後一階段是進行再次研究。** 再次思考自己想要表現的概念是否明確地傳達呈現出來，如果發現有表現不足的地方時，必須要大膽地進行修正，以完成最終的研究模型。

研究模型的變形

在這個階段中，模型是否完整地製作完成？是否看起來像實際的建築物？其實並不是那麼重要，這個階段是要在研究模型中思考如何讓設計的新想法以空間的方式實際呈現出來，因此就算是已經完成的研究模型，也必須根據需求而針對外型或是空間結構上做改變；根據需求的不同，可進行挖洞和給予實體部分新的定義，或是讓建築整體的一部分出現突出、凹陷等新的變化，同時也可以調整隔間牆的位置或開口部大小，另外也可以改變地板的高低來強調變化。還可以大膽一點，打穿一

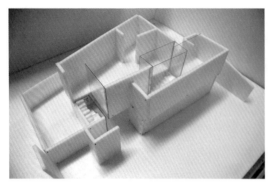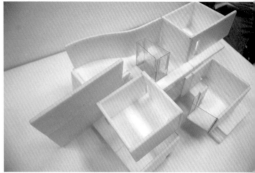

▲研究模型的變形

部分的地板，創造上下樓層之間的垂直連貫性；也可以挑高一部分的樓層高度，讓室內的空間變得更寬廣；或是規劃出連貫內外部的陽台空間；乾脆將內部空間打造成中庭或是樁柱，轉變成外部空間等，如果在功能層面上不會出現問題的話，就可以利用研究模型多多進行空間上的變形嘗試，以創造出更多樣、更有趣的空間。在這個階段時，必須以開放的姿態接受指導教授或業界前輩的修正建議，也希望大家能夠積極地思考出更新、更好的對策。

15. **決定室內裝潢要素** interior elements

　　室內裝潢要素是決定空間印象（或是氣氛）的因素，同樣也是設計
過程中相當重要的一環，特別是在住宅空間中，室內裝潢要素會反映出
居住者的喜好，因此在決定每間房間的氛圍時，必須慎重地進行選擇，
根據空間的個性選擇最適合的建築材料，並且搭配適當的顏色和模式，
一併考慮到家具和照明，以及各種物品的選擇，以搭配出整體的氛圍設
計。在實際的設計專案 project 中，材料、用色、照明、家具、物品等選

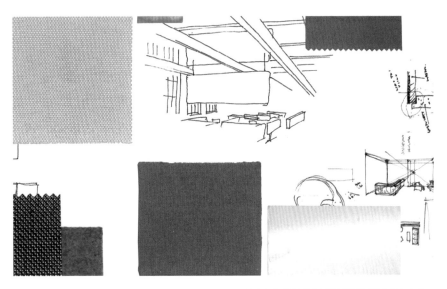

▲決定各內部空間的建築材料和用色的基本方向。

107

MID—CENTURY MODERN

Smoke Blue, Burnt Sienna,
& Citrine

◀分別整理出用色、照明、家具、物品等
特色，並且製作成樣品。

擇和協調搭配的過程非常重要，因此從學生時期在設計工作室裡打工實習的同時，絕對不能疏忽這個部分。

　　室內裝潢的眼光必須透過持續的努力和相信自己的感覺，慢慢地累積而成。培養自己的實力時，可以透過參考過去錯誤的範例，仔細觀察各範例採用了哪一種室內裝潢方式，並且分析判斷設計的優點和缺點，這也是一種很好的學習方法，另外也可以多接觸其他設計相關領域的資訊和資料，同時還必須確實記住在每個設計專案中所犯下的錯誤決策，唯有記取教訓，才能讓自己的設計實力更上一層樓。

建築材料

　　建築材料的種類非常多樣，每種材料的色彩種類更是數之不盡，因此在進行設計之前，必須要先掌握各建築材料所具備的特性和質感，判斷該材料是否能夠營造出設計的氛圍。另外還要考慮到是否直接呈現出

◀透過仔細研究室內裝潢的要素，賦予內部空間整體統一感和協調度。

材料的物性，還是要進行加工，創造出結合形式的表現；或是與不同材質的材料進行組合，以達到表現出某種空間印象的氛圍，例如金屬材料雖然會給人光滑、冰冷的感覺，但同時也會給人強悍和高科技的幹練印象，因此可以考慮將金屬搭配玻璃或是石材等來使用，還是搭配布料或是木材等較自然風且給人溫暖感的材料來運用，隨著材料的不同，空間的氛圍也會產生截然不同的變化。

用色

　　比起其他任何東西，色彩給人的視覺效果是最直接且最強烈的，因此在設定室內風格時扮演著相當重要的角色。在進行顏色的選擇時，必須抓出最能夠表現出整體空間氛圍的顏色，而在個人空間裡，則須充分反映出使用者的個性和喜好。在選擇色彩使用時，最好不要以各房單一的形式來思考企劃，必須將每一間房間統合起來，考慮到整體的空間形成，讓房間到客廳、客廳到寢室、寢室到浴室等的用色能夠自然地連結融合在一起。

家具

　　家具的選擇與居住者的生活模式有密切相關，例如將客廳作為與家人共度時光的場所時，其選擇使用的家具型態或是配置方式，就會與拿來招待客人、舉辦派對的空間有所不同了，另外根據客廳使用目的不同，其配置的家具種類也會有相當大的差異。思考每一個空間是要拿來當作聽音樂、還是觀賞電影的空間，又或是看電視、讀書的空間等，同時必須了解一般家具的大小和基本的配置方式。不過，隨著各案例情況的特殊性，有時也可以大膽地跳脫一貫的設計方式，才能夠創造出更特別的視覺空間設計。

照明

　　決定空間氣氛的另一個室內裝潢要素就是照明。比起透過窗戶引進的自然採光，在營造房間空間的表情時，人工照明經常扮演著更重要的角色，透過細微的光線營造出平靜氣氛，而重點式的照明則令人印象深刻，在決定照明方式時，務必先考慮清楚平面圖上的家具配置和空間行為後，再決定照明的位置和使用的種類。

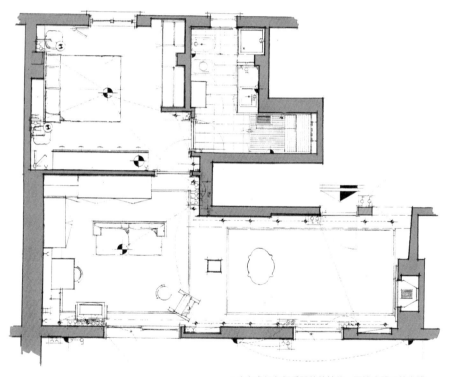

▲先考慮好各個房間的特性後，再決定照明的安排。

製作樣品板

▲在繪製室內透視圖後，試著在各空間裡進行建築材料和用色的協調搭配。

　　樣品板 sample board 是指將室內裝潢要素透過拼貼 collage 樣品的方式來呈現的板子，活用各種有關家具、照明、用色、建築材料、物品、模式、圖表等視覺性資料，整理在一個板子上，讓人們更清楚地看到自己想要打造的空間氛圍，也可以具體表現出在設計圖面上所無法理解的空間特性，樣品板是在進行空間呈現解說時非常有用且重要的工具。

　　為了製作出具有效果性的樣品板，首先收集好適當的樣品或是相關的圖片、照片，在進行選擇的過程中，必須時時思考整體的空間，並且考慮到個別室內裝潢要素之間的調和性。在許多新手設計師的樣品板中，經常可以見到他們選用誇張的材料和顏色來組合搭配，但是卻也因此失去了整體的統一感，為了減少犯下這種錯誤，在進行樣品選擇時，請多聽聽看別人的意見，並且培養出能夠審視整體搭配組合的眼光。

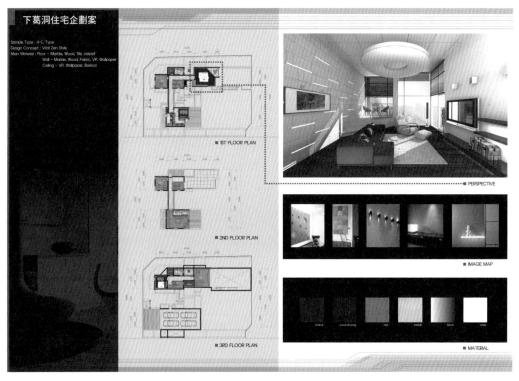

▲實際設計專案的樣品板範例

　　當樣品整理 sampling 到一定的程度後，要將收集到的樣品重新再進行排列，並且分別給予名稱，將建築材料的樣品直接貼在樣品板上，也可以貼上圖片照片等，另外，如果能放入平面圖或是透視圖，對於理解設計也會有相當大的幫助。而在樣品的呈現排版上，可以依照上下左右的分配來安排，也可以透過不規則 random 的方式來表現。

製作最終設計方案圖面 drafting

延伸閱讀
part2 17.18

　　對設計師們而言，圖面是一種表達構想空間特徵的視覺性語言，在圖面上所使用的線條，種類或是粗細都各有不同的意義，各種記號和內文的標示必須明確地傳達出空間個性或是建構方式，因此在製作圖面時，不能隨便使用一些曖昧不明的符號，要明確了解各種符號所代表的意義，透過更具有效果性的表現方法來呈現設計概念。

　　最終圖面包含有配置圖、平面圖、斷面圖、立面圖、室內展開圖、天花板圖、透視圖、投影圖、區塊詳細圖等，在平面圖確認之後，接著開始繪製 drawing 其他圖面了。

◀配置圖和平面圖一同製作的圖面

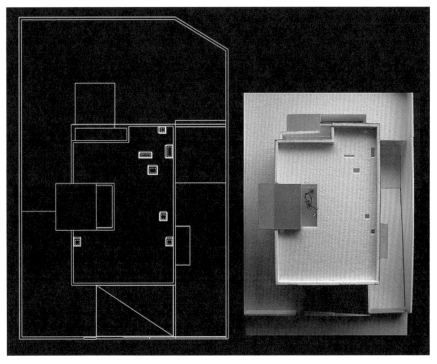

▲配置圖和模型照片的比較

繪製配置圖

　　配置圖是由建築物上方往下看的視角來繪製的圖面，透過配置圖表現出基地內建築物位置、屋頂型態、大門、庭院、造景、車庫等戶外空間，除此之外，基地外的道路或是周邊環境（鄰接的建築物、自然環境等）也都能一覽無遺，透過配置圖確認與外部的接近性是否良好、是否有適當地對應鄰接的建築或是周遭環境等；在呈現的手法上，也可以在配置圖上替建築物加上陰影，使建築整體的立體感更加明顯，或是在平面圖上與戶外空間一起做表現。

繪製平面圖

　　平面圖是從各樓層距離地板大約1～1.5m高的角度俯視室內空間的水平呈現方法，以由上往下看的角度繪製而成，在平面圖上會明確標示柱子、牆壁、窗戶、門、家具等位置和大小厚度，以及材料等，在標示柱子和牆壁時，會用粗實線來表達；窗戶和門的呈現方式則會依照是否有窗檯、門框，以及開關方式之不同，而有不同的呈現方式；該平面以上的建築要素（構造上的蓄水池、上方樓梯、中間樓層、突出的構造物等）則會用虛線（點線）來表現。

　　在平面圖中也要表現出主要家具的位置，雖然家具的配置是在空間規劃之後才進行的，但是在進行空間規劃時，也必須預先考慮到家具的配置才行，如果能夠反映出空間目的和設計意圖，同時又能適當地安排家具的位置，那麼圖面的設計將會有效地解決各種機能問題，並且賦予視覺性的效果。在繪製家具時，同樣也必須要依照縮尺比例進行繪圖。

◀學生的平面圖範例。以虛線來表達2樓的整體輪廓。

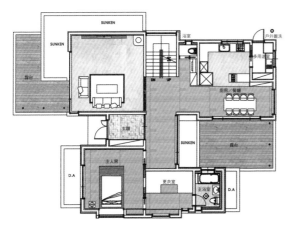

▲平面圖實際範例，地板的材料透過上色來表現。

在進行平面圖繪製結尾作業時，可以利用木板地、大理石、瓷磚等的地板材料來表現，若是在圖面上標示各房間的說明或是使用建材、up-down標示、切斷面以及室內展開圖的位置，將有助於更容易了解圖面想要呈現的內容。

繪製天花板圖

天花板圖是在室內空間中放上天花板的圖面，因為與平面圖有相當密切的關係，因此必須要以平面的構造為基準來繪製。在天花板圖中，柱子、牆壁等的構造體大小，間隔和天花板相接的部分，以及窗戶框架是利用粗實線來表達，另外在天花板圖中還要標示出天花板的高低，以及窗簾、照明工具、消防工具、冷暖氣工具等位置、名稱、建築材料、顏色和縮尺。

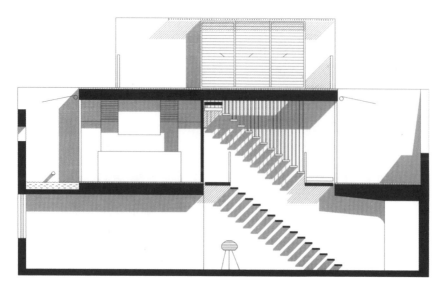

▲透過斷面圖可以了解到空間的垂直關係和動線安排，同時也可以看到自然採光的導入方式。

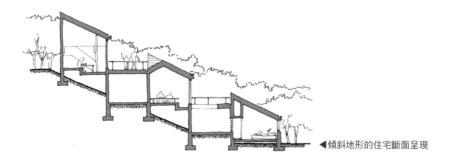

◀傾斜地形的住宅斷面呈現

繪製斷面圖

　　斷面圖是以垂直的剖面來呈現室內空間的圖面，透過斷面圖可以研究各樓層的空間構成，也可以看到垂直動線的連結性和自然採光的導入方式，因此最好是用來表現垂直變化較多的空間。斷面圖經常用以同時表達樓梯、玄關、化妝室、客廳和陽台等部分，根據表現上的需求，斷面的切斷線並不一定只有一直線，有時也會劃分切割一兩次來表現，另

外，注意在斷面的部位也必須於平面圖上標記清楚。

　　地板和水池、牆壁和柱子等被切斷的部位以粗實線來表示，而剩下的內部可見要素因為是立體可見的東西，因此要用中實線或是細實線來表達，同時也要記錄牆壁、窗戶、門、家具等位置和寬度，以及地板、窗檯、天花板高度、樓梯踢板（踏板之間的垂直板）的高度等數值。

繪製立面圖

　　立面圖是將建築物外觀進行水平投影所繪製的圖面，透過立面圖可以清楚地看到建築外觀型態所具有的特徵，並表現出各部分外牆所使用的建築材料，另外也能夠一併理解建築整體的高度和各樓層高度，同時也可以掌握周遭環境的調和度，特別是建築物的整體比例和壁面的實體、挖洞void中空部分之間的搭配、建築材料的質感或是模式等，都可以透過立面圖有效地表現出來，因此立面圖也是在所有圖面製作完成後才會進行繪製的。從審美的層面來看，這是一種可以提高住宅空間設計完成度的圖面，因此在立面圖中必須要表現出來的內容有開口部和屋頂

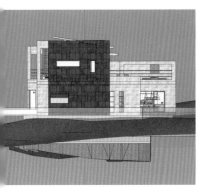

▲建築物立面圖的著色表現

▲建築物立面圖的手繪表現

的正確型態、主要空間的正確高度、建築材料的形式等，另外也記得不要遺漏屋頂欄杆 parape 或是出入口的遮雨棚 canopy、陽台欄杆等細部。

繪製室內展開圖

　　室內展開圖就像是建築物內部的立面圖，將室內空間各面以立體型態繪製而成的圖面，展開圖是在平面圖和斷面圖已經達到某程度的確認OK之後，再一併考慮到整體氣氛，以及配合壁面建材和家具型態、照明和物品等要素所繪製的。室內展開圖的構成可以說是在設計過程中，將作品進行最後包裝的過程，因此在進行材料選擇或是搭配用色、選擇照明方式和家具、壁面形式時，必須要特別慎重才行，甚至是釘放在壁面上的畫框、窗簾或是百葉窗、天花板拉簾以及護壁板、開關和插座等都必須要在視覺層面上進一步做決定，另外也可以將室內展開圖和斷面圖結合起來綜合表現。

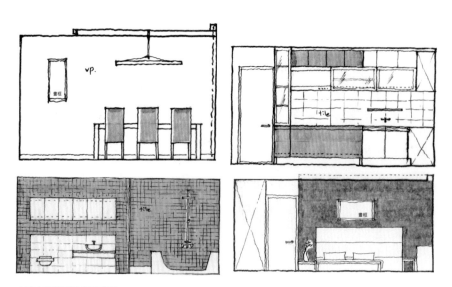

▲室內展開圖的手繪表現

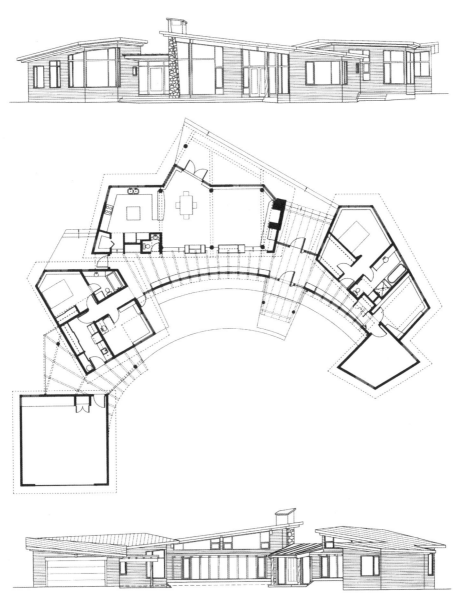

▲將平面圖和建築物立面圖結合呈現的範例

part 1.
design process

Presentation

17. 製作最終壁板 ^{panel layout}

排版 ^{layout}

　　壁板是為了將自己的作品有效地呈現在別人面前所製作的一種報告方式，壁板製作的目的在於：就算沒有額外的說明，透過壁板即能夠傳達說明出作品的主要概念和內容，因此在這裡並不希望大家只是把作業內容以羅列的方式呈現，而是將能夠掌握住他人目光的視覺性目標 ^{visual target} 要素放在最好的位置，並且思考人們在觀看壁板時視線的進行方式，再依照該邏輯來配置需要介紹的內容。有時也要考慮到視覺性的效果，或是大膽地在壁板的某一部分領域中以留白處理，需注意人在觀看事物的視線動線通常是由左到右、由上到下。

　　在壁板內需要出現的內容有作品標題 ^{main title}、設計概要、概念、文字、相關圖示、圖表、各層平面圖和立面圖、等尺寸 ^{isometric}、透視圖、模型照片等，需要強調的內容則利用較大的版面來說明、吸引觀看者的目光，如果要將各種內容分散配置，但是卻不想看起來散漫無章的話，建議盡可能地連接上下要素之間的關係，讓排版看起來有條有理，圖面

 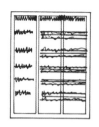 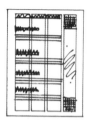

  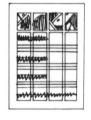

▲利用手繪來呈現壁板的排版方式，可嘗試進行多樣化的安排。

▶考慮要放入壁板中的各種要素大小和視覺性效果，並且整理排版。

的配置部份，將平面圖和立面圖分別以垂直或是水平方式來排列放置；透視圖或是模型照片的部分，則可以聚集排列在一定的區塊內，若有幾個不錯的表現圖示時，則可以放置在壁板的重要位置上，以強調作品的獨創性。

好看的文字編排形式

在最終介紹報告 presentation panel 中，除了會放置圖面或是各種圖示以外，也會利用文字 text 來進行說明，像是壁板的主標題、作業內容的中標，以及圖面名稱和各種圖示的說明等。文字編排 lettering 的形式和配置方式在壁板排版中也是相當重要、不可忽視的一個環節，因此，在與其他表現要素一同呈現時，必須要有適當地視覺呈現方式，若以一個壁板

為基準的話，文字大小不要超過3～4種層級以上，字型也不要超過2～3類別以上，必須要注意字體不能太大，但是如果字體太小的話，在閱讀上也會有困難，因此需要特別注意。另外，圖面或圖示間必須維持有適當的距離，讓整體畫面看起來是非常自然流暢的，在文字的開始部分或是結尾部分，如果能夠和圖面或是各種圖示的結尾一同配置的話，看起來也會比較有整體感。

如果文字編排是以雙手來作業黏貼時，最好使用具有透明黏著劑的底片紙來進行會比較好，在編輯輸出內容之後，透過裁切接上膠帶，貼在想要呈現的位置上就可以了。

決定標題

在決定作品的標題時，必須非常慎重，因為這是所有設計作業的濃縮表現，因此在標題的選擇上，必須選出最貼切、能夠符合整體設計內容的標題，或是選擇可以展現強調作品的特定功能或是空間特性的標題。標題是最直接的，同時也是將作品最重要的內容傳達出來的訊息，必須要透過標題瞬間吸引人們的目光才行，為了要讓標題徹底地發揮功能，標題的位置、大小、粗細、字體等，都必須經過仔細地思考再做出最後的決定，另外標題是要利用中文、英文還是其他文字來做呈現等問題，也是根據想要表達的效果來選擇。

文章敘述方式

　　設計背景 design background、設計過程 design process、概念想法 concept idea 等內容都可以透過文字來進行敘述，並且進行邏輯性的說明，這時如果能搭配相關的圖示（照片、圖片、素描等）一同解說會更好。在這裡並不需要依照任何的公式進行，根據情況的不同，有時也可以不用提到「設計背景」，比起文字，透過圖示來強調表現也是一種表現的手法，只要能夠找到最適合表達自己的作品，並且將其個性化地呈現出來，就是一個最好的介紹報告了。

　　在撰寫文章時，必須要掌握邏輯性和可讀性，如果沒有好好地接受過文章敘述訓練，最常犯下的錯誤就是會讓文章內容太過冗長，必須要注意不要讓一句簡單的話以太多文字來敘述，另外像是「在這次作品中我～」、「嘗試做了～」等口語句子並不適合出現在報告壁板中，在解說關於設計的過程和概念、整體的研究，以及透視圖等內容時，比起完整的敘述文章，使用重點式的關鍵字來進行說明將會獲得更大的效果。

透過圖表呈現

　　比起透過文字正確地敘述設計的內容，利用簡單明瞭的圖表 diagram 來表現會更具有說服力，特別是同時在審查多個作品，或是進行評論 critic 時，視覺化的圖表比較容易吸引人們的目光，而在解讀設計的概念時也會比較容易。圖表也可以套用在進行分析的過程中、表達設計的概念，也就是說圖表是簡單地透過圖示化的形式來解釋、解決設計問題的一種手段，因此在製作圖表時，必須要讓人能夠一眼就看出設計概念的核心，如果獨創性的圖表越多，那麼作品的充實度會相對地提高，設計作品也就更具有說服力，因此，如果到了要製作最終的報告階段時，

為了要尋找能夠貼切表現自己作品的圖表，必須要多花費一些心思在上面才行。

活用素描

　　素描是為了將想法發展出來的視覺性工具手段，也同時是設計過程的一部分，在設計發想的過程中所繪畫的素描，其實也可以活用在最後的報告階段上，此時可以將為了發展設計概念所進行的徒手繪製圖表或素描，透過電腦進行修正、補強之後，再放入到壁板中使用，在掃瞄 scan 過素描之後，利用影像軟體 photoshop 進行些微的上色，或是加入一

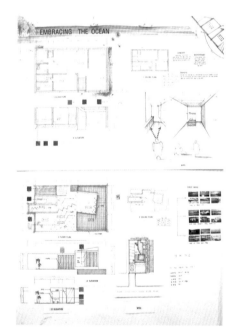

▲透過徒手繪製圖所製作的最終壁板範例

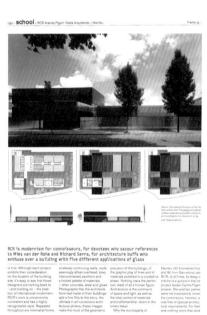

▲壁板的排版可以多參考雜誌、作品集等視覺設計的編排方式。

些線條來強調想要傳達的內容，透過這種方式將素描圖示安插放入壁板中，也可以成為是展現設計過程以及作品獨創性的優秀工具。

黏貼壁板用紙要溫柔

在購買壁板用紙時，必須要特別留意，請選用不是原色的低亮度高級用紙，在想要進行強調的部分可以用其他的紙張，或是不同的兩種顏色來混合使用，但是在製作圖面或是部分圖示時，盡可能要避免透過拼貼的方式來進行，另外在透過電腦作業輸出顏色時，也要考慮到壁板的整體排版，不可讓電腦輸出的內容與壁板的底色相差太大。

最終製作的壁板可以黏貼在木板、方格板、fomex、瓦楞紙等平面板上，此時需要注意的是，必須要在比板子還要大的紙張上進行壁板作業，將壁板與板子黏貼在一起之後，再將壁板突出的部分裁切掉，如果是先將壁板裁切成符合板子的大小後才進行作業的話，那麼在將壁板黏貼到板子上時，一定會產生細微的誤差，另外在使用噴霧接著劑黏貼壁板紙張時，要盡量避免產生翹起來的部分，必須要仔細將各邊緣牢牢地貼緊才行。

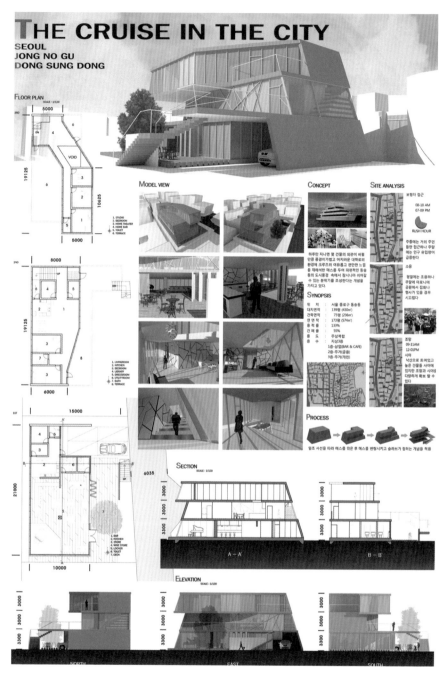

THE CRUISE IN THE CITY

SEOUL
JONG NO GU
DONG SUNG DONG

▲活用電腦作業的最終壁板範例

壁板最終確認事項

- 標題：是否是適合整體作品的標題？字體和大小是否恰當？是否有錯別字？

- 內文：文字的字體和大小是否整理在2～3種以內？左右是否對齊？

- 概念圖：有關規劃、動線、基地的圖表是否正確地表達？設計是否具有邏輯性？圖表的位置和大小是否恰當？是否有附上適當的說明？

- 配置圖：是否有標示方位和圖面，以及縮尺比例？是否清楚表現出基地的境界線和戶外環境？

- 平面圖：是否標示圖面名稱和縮尺比例？是否遺漏了需要的呎數、建築材料、家具、level、說明等細節？

- 斷面圖：是否標示圖面名稱和縮尺比例？是否遺漏了需要的呎數、建築材料、level等項目？

- 立面圖：是否標示圖面名稱和縮尺比例？是否遺漏了需要的呎數、建築材料、家具、照明等項目？

- 俯視圖：是否標示圖面名稱和縮尺比例？是否遺漏了需要的呎數、建築材料、level等項目？

- 透視圖：是否附註透視圖觀看的位置或是簡單的說明？是否進行上色？

- 圖示：參考用的圖示位置和大小是否恰當？是否修整為一定的大小，並且進行有條理的整列？

- 模型照片：是否拍攝了想要呈現的特定部位照片？是否附上簡單的說明？

製作最終設計的模型

　　如果說報告階段是透過壁板將作品的設計概念和展開過程，以邏輯性地思考呈現出來的話，那麼模型就是將作品的外型特徵和內部空間構成、室內氣氛直接表現出來的立體完成品。在理解一個作品時，就算是畫得再精巧的圖面或是透視圖，也還是無法取代實際製作出來的模型，因此為了理解建築物的型態和空間，製作良好的模型也成了最終報告的一項必須作業。

　　在製作模型之前，必須先設定好呈現的範圍，決定是只要表現建築物而已？還是連建築物的整體周遭環境（道路、鄰接建築物、自然要素等）都要表現出來？又或是要詳細地表現內部空間的特徵呢？如果只是要表現出建築物的外型，一般大致是以1/200、1/100的縮尺比例來進行製作。

　　除了要處理該基地的戶外空間造景，與基地連接的環境也要一併概略呈現出來，如果是以內部空間為中心來呈現時，則通常會以1/50、1/30的縮尺比例來製作，為了讓內部能夠仔細地被看清楚，可以透過製作樓層別的方式來進行，也可以將一個壁面切開來進行製作。

131

◀最終模型範例。表現出周
遭的自然環境和傾斜地形，
為了能夠看到住宅內部，住
宅的屋頂構造材料以開放式
的方式來表現。

　　模型材料的選擇有紙類、木材、塑膠、泥土、金屬等各式各樣的材
料，在進行製作時，必須要考慮到模型的型態和特性。另外，當強調誇
大呈現某特定要素時，就不容易做到精準，因此在進行製作時，必須判
斷要強調的部分和不進行強調的部分。而在表現牆壁和地板的形式，或
是樓梯和欄杆等細微項目時，也要時時考慮到實際空間的大小，並且選
擇適當的材料厚度和大小。

拍攝模型照片

　　試著將自己完成的模型當作是實際建蓋的建築物來拍攝吧！在拍攝之前，可以先在模型的背景部分放上黑色的布或是木板，讓背景看起來簡單一點，也可以設置人工照明 lighting 來模仿自然採光的環境，處理室內畫面時，相機要盡量貼近模型來進行拍攝，並且盡可能貼近人的視角去捕捉畫面。另外，在模型內部放入人形再來進行照片拍攝的話，將會獲得更棒的空間感效果，若想拍攝出更具有創意的照片，也可以使用廣角鏡等各種相機鏡頭，些微地讓畫面變形、更具戲劇張力。

◀▲活用照明來進行住宅模型的拍攝。

19. 介紹報告 verbal presentation

介紹報告

　　介紹報告是指在一定的時間內，在客戶或是眾人面前進行簡報 briefing，說明設計作品的想法以及邏輯性的一種過程。此時最重要的就是將自己與他人不同的獨創性構想，透過自己的作品強烈地傳達給觀者了解，特別是在住宅空間中，客戶的要求事項是什麼？而為了符合客戶的需求，又採取了何種新設計、使空間呈現出什麼樣的變化等，透過主觀的解說明確地傳達出來，此外，對於設計過程中的基地分析、整體結構研究、室內裝潢等要素，也都必須要重點式地說明。

　　為了有效傳達出重要的內容，報告者必須依序準備報告的內容，除了報告的草稿以外，還必須活用說話術、身體姿勢以及其他的輔助工具，讓觀眾能夠明確地了解相關的設計內容。介紹報告是設計過程的最後一個作業，就算事前努力地準備作品，將最終壁板和模型製作得精美動人，但是如果沒有充分地準備好報告，無法充分地將設計作品的核心向外傳達的話，那麼所有的作業將可能因而化為泡影。

成功的報告所需要做的準備

- 在時間內完成並提交符合最終提交形式的設計作品。如果在作品沒有完成的狀態之下，不管是再怎麼精彩的報告，也無法完整地呈現出作品，因此在進行報告之前，一定要準備好完成的壁板和模型，並且帶著自信進行作品的發表，不管是哪一種設計工作，都一定會存在著截稿時間，因此必須善加管理作業的時間，在訂定的時間內提交出設計完成品，這是身為一位設計師必須要具備的第一個條件。

- 事先進行報告練習。預先撰寫好草稿，並且依照邏輯順序進行發表，在進行發表時，可以偶爾參考一下草稿的內容，但是不能依照著草稿內的文字一字一句唸讀（一直唸讀草稿內容的話，會令觀眾覺得很痛苦），為了不遺漏報告時需要提到的重點，可以依序寫下報告內容的關鍵字來提醒自己。

- 介紹報告是在短暫的時間內，以最具有效果的方式來解釋自己設計作品的核心想法，並且讓觀眾們感到有興趣。為了達到這個目的，如果沒有重點impact，只是依序地將作業內容以壁板來說明的話，很難獲得觀眾的共鳴，因此在進行發表的過程中，必須要設定好內容主軸，針對重點進行強調說明，帶著自信表達出自己的獨創性想法，才算是一個好的報告。

- 為了要讓觀眾在報告的一開始就集中注意力，必須設定好演說策略。淋漓盡致地表現作品的個性來吸引觀眾注意也是一種好方法，就我個人的記憶中，讓我能夠留下深刻印象的報告範例是將報告會場的燈關掉，透過模型的照明效果來突顯設計，另外也有設計師裁切壁板的一部分領域，在該領域內透過投影來進行簡報，令人驚艷。

▲介紹報告以及評論的場面

- 自己在講述設計的內容時，最好能夠同時明確指出發表的內容。可以使用指示棒或是雷射指示燈等工具輔助指涉內容，但是要注意在進行說明時，最好不要一直晃動指示的工具或是轉圈圈，這樣會看起來缺乏專業態度，同時也是相當不禮貌的。

- 對於自己的表達方式必須多次檢驗，找出自己的缺點並且虛心修正。不熟悉在人前報告或是在報告時容易感到緊張的人，常常會看到他們在台上很緊張地將報告內容含糊快速地表達出來，不僅說話速度很快，也常有不看著觀眾、只盯著壁板來進行報告，或是說話的聲音極小等情況。如果是以這種方式來進行報告的話，無法將作品的設計概念徹底地傳達讓觀眾感受和了解。

- 報告結束後，當觀眾提出疑惑或是評論時，必須要具有智慧地對應回答。這也算是一種對自己作品的「防禦」，所謂的防禦並不是無條件地反對對方提出的意見，因為報告的時間是非常地有限的，也許觀眾對於自己的設計想法並沒有徹底了解，或是無法充分地理解設計的概念，才會進一步提出疑問，這時為了協助觀眾更了解自己的作品，必須要更細緻地追加說明。此外，有時候觀眾也會提出一些設計的盲點，此時請以虛心受教的姿態接受他們的意見，當有機會發言時，則將自己所知的一切盡可能明確地表達出來，而遇到不確定的問題時，千萬不要喃喃自語地含糊帶過，最好的處理方式就是坦白地說自己不知道，並且會再去尋找修正的方案，學習以虛心和開放的態度來面對各種提問。

擬定報告腳本

介紹作品主題 →「設計為單身貴族所打造的可變形住宅空間。」

Site位置說明 →「位於水營區廣安洞〇〇號的基地。」

說明設計背景 →解說設計概念的背景以及其必要性。

說明作品概念 →解說核心關鍵字、概念的基本意義。

　　　　　　　根據邏輯闡釋概念的型態／空間意義等。

說明設計戰略 →以圖表（diagram）為中心來進行說明。

說明空間構成 →透過圖面來表現空間的規劃、構成和特徵。

說明詳細特徵 →透過分析模型，仔細介紹設計的具體內容。

　　　　　　　說明各房間的構成、動線的安排，以及各空間的概念呈現等。

　　　　　　　追加說明關於家具、模式、照明、材料等細節部分。

結論

應對評論：虛心接受，並且進一步追加詳細的說明。

◀報告作品的場面

20. 提交作品集 portfolio

作品集是指在完成所有的設計過程之後，細心地整理設計作業的核心內容，並且蒐集集結成完整的一冊。每當完成一個設計案時，就必須製作一個作品集，以便到不同階段時，將可以快速地了解到自己的設計成長過程和設計的傾向，製作成冊的作品集在將來就業或轉業時，將會是一個介紹自己能力的有用工具。

企劃作品集

在進行個別的作品集企劃的同時，必須要讓作品集的整體內容具有一貫性，每頁要以簡潔的編輯設計來安排版面，將各個設計要素以羅列的形式來編排，在大小設定上講求有統一性，或是另外透過多樣性的變化，讓自己的特點能夠鮮明地表達出來。在製作作品集時，並不是要將設計的完成品全部收錄進來，而是要以創意的想法和優秀的表現手法為中心來展示表現，若是具有意義的設計過程，也可以透過視覺性的效果加入在作品集當中。在製作作品集時，應該如何排列使用素材（圖面、圖示、照片、內文、圖表、素描等），必須慎重地篩選。在這個階段中，可以先構想出多種方案，並且透過各種角度來思考研究，為了在最後進行製作最終的完成品時，呈現出優秀的編輯方式，平時則可以多參

139

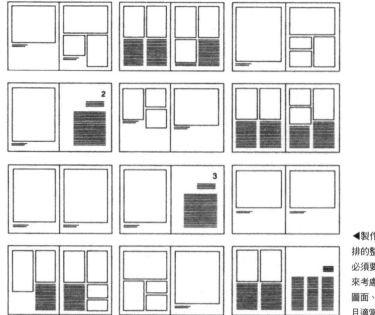

◀製作作品集時所安排的整體頁面版面，必須要以視覺的動向來考慮文字和照片、圖面、圖表等位置，且適當地進行排列。

考知名的雜誌或是設計書籍的編輯排版技術等。

製作方法

- 版型：決定書的樣貌是要以正四方形來進行製作，還是要以長方形來進行製作，另外還要思考書的尺寸要設定為多大。
- 裝訂：裝訂 binding 的種類有騎馬釘、穿線平裝、精裝、活頁裝訂等方式，另外也要決定是要上下翻頁還是左右翻頁。
- 用紙：書封面可以以塑膠資料夾或是透明底片紙來簡單製作，如果希望看起來更具精緻感的話，可以使用皮革或是金屬來製作，而內頁用紙則可以選用硬紙板或底片紙等，有非常多樣的選擇。

- 頁面的構成：每個設計案基本上以 2 ～ 4 頁的分量來進行製作，當需要進一步加入設計案的詳細說明時，可以斟酌調整頁面的數量，在進行頁面的安排時，必須要符合邏輯性才行。

- 排版：各個設計案必須要以統一的排版方式編輯而成，整體顏色色調也必須統一，偶爾也可以使用搶眼的顏色來加強表現，圖示和圖面、照片、內文字體大小等可以給予一定的變化，但是注意不能把版面塞得太滿，務必保留一定程度的留白。

- 圖示：最貼近作品的圖板內容要盡可能以大版面做呈現，也可以透過部分上色來讓作品的完成度更完整。參考用的圖示則根據其重要度的不同，適度地調整大小，以整齊為首要原則來進行編排，注意不要讓整個版面內容看起來散亂無章。

- 文字編排：文字大小最好不要超過 3 種類型以上，要區分各種字體的大小，選擇適合作品風格的字型，根據表現需求來考慮文字與照片或

▶作品集範例

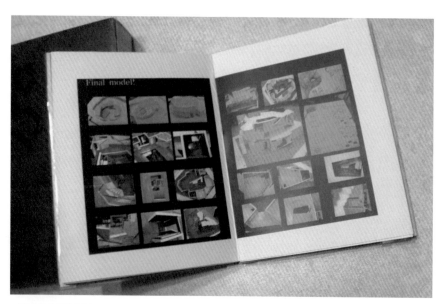

▲學生的作品集範例

是圖片的重疊等視覺性效果。

● 模型照片：在加入模型照片時，要盡可能挑選近距離拍攝、將作品的
  主要特徵表現出來的照片，另外也可以將設計中所製作的研究模型透
  過拍攝手法來呈現，如果有需要的話，可以在照片上透過影像軟體
  photoshop來進行上色、加線條，以及編寫文字等修飾。

彼得艾森曼（Peter Eisenman）HOUSE X

「這個家的所有部分都充滿著我的熱情和摯愛……，我們在這裡度過了3年的時間，每個周末都簡單單純地享受愉快的時光，住在那個家裡的生活是一種感性的體驗，我可以花好幾個小時坐在客廳裡，靜靜地觀看建築空間內部的設計：隨著陽光灑落到屋內的角度不同，牆壁陰影的變化，梁柱的形成和型態，從窄變到寬（2倍的高度）再變到完全被遮蓋擋住，這真是一種愉快享受空間的感覺，以建築層面來看，這個家是充滿樂趣的（以我所有可以感受表達的單字來說）。另外，我也認為這個家是非常美麗的……，我喜歡坐在我的床上欣賞這個家，白色四角的梁柱創造出了窄長的窗框，看起來就像是數百個小小的、半透明的變形天窗。……在這裡就像是住在蒙德里安的圖畫中一樣。」──彼得艾森曼，趙榮素譯，《空間的創造》，kimoondang，83頁。

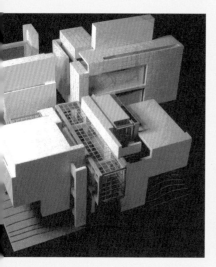

DESIGN TIPS

part 2.
design tips

設計問題意識 tips

01. 住宅的原型

在決定住宅的型態時,首先要把握的是基本原型 proto type,為了對應於土地的形狀或方位,建築整體要如何配置、與土地的接地方式或是內部空間的構成方式、與戶外空間的相關性問題要如何安排等,這些因素都會影響到住宅的排列方式或是斷面形式,就算是具有類似的條件,但是根據各要素的重要度不同,最終選擇的建築形式也可能會有所不同,因此關於住宅原型的理解,我們必須跳脫建築型態的固定認知,以尋找可多樣變形的思考為設計的出發點。

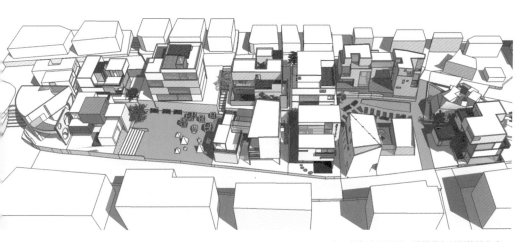

▲在一個都市區域裡,混雜著各種型態的住宅。

排列方式的基本型態

建築物整體的排列方式會決定住宅的型態，整體的排列雖然可以有多樣性的變化，但是大致上可以分為集中型、一字形、彎曲型、並列型、中庭型、突出型等六種類型。

- **集中型**：簡單地來說，可以把它看作為類似一般公寓的構造，通常是在正方形的平面上有一個突出的區塊，客廳通常位於中央的大空間，而客廳的周邊則會與各房間互相連結，雖然從客廳到每個房間的動線都比較短，但是由於在屋內進行移動時一定會經過客廳，因此很難做到讓客廳具有獨立性的氛圍。
- **一字形**：可能是因為土地的規模較小，或是根據土地型態所採取長形排列空間構造。在這種建築構造中，所有房間的坐向、景觀，以及通風性都相當良好，但是在移動的動線上卻會比較長，有時還可能會產生不必要的動線。
- **彎曲型**：是屬於彎取的整體形態，呈現「ㄱ」形的空間構造。建築整體外的多餘部分會與周遭的牆結合，形成一個院子，而在住宅內部由於院子會形成一個景觀區，因此通常會適當地在院子中設計造景的裝置，此外，在院子裡可以放眼望去看到見住宅內部的樣貌，因此也是一種不錯的建築構造。
- **並列型**：是一種將兩棟建築整體透過並列的方式來排列的空間構造，可依據功能別進行規劃，區分為共用空間和私人空間，或是將空間劃分為生活空間和招待客人／休閒等空間。如同韓式傳統住宅的規劃一樣，自然地在兩棟建築之間產生一個聯繫的空間，如果是套用在傾斜地形時，由於建築物的高度不同，將能確保所有空間的坐向和景觀。

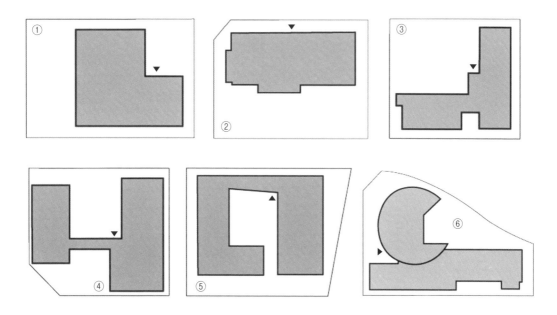

▲根據住宅配置的基本形式之不同，可分為 ① 集中型 ② 一字形 ③ 彎曲型 ④ 並列型 ⑤ 中庭型 ⑥ 突出型。

- **中庭型**：在建築物的中間放置一個中庭，而在中庭周圍配置有各個房間的建築形式。中庭可以拿來當作遊戲、休息庭園、游泳池等空間使用，可以確保開放的空間，同時也能夠保障造景空間。中庭可以當作是住宅內的自然環境空間，或是作為如同韓式傳統住宅的大庭院使用。

- **突出型**：與一般建築型態不同，建築整體的一部分會大膽地突出，是一種具有強調性格的類型。在平面上賦予客廳或是休閒室等空間特殊的效果，而在立面上則能創造出視覺性的特殊表現。

斷面型式的基本型態

　　根據斷面型式的型態，空間構成會創造出各式各樣的居住條件，像是房間的垂直規劃、空間的容積、立體的空間連結、與戶外環境的關係等，都可以設計出許許多多的空間變化。

- 單層型：所有的空間都在同一個樓層裡構成，透過水平式的連結，在移動動線上非常地便利，是適合家中有成長中的小孩或是年邁父母的家庭居住的建築結構，但是如果建築面積過大的話，日照、通風、獨立性等的居住條件就會隨之變差。

- 雙層型：由２層樓以上的樓層所構成的建築，在室內透過樓梯或是傾斜構造來連接上下樓層，在移動動線上可能會有些微的不便。２樓以上的樓層日照、通風、獨立性等居住條件都很良好，各房間之間的連結通路也相當獨立。

- 挑空 void 型：在同一個建築物內，有一部分空間是由單層構成，而有一部分則是由雙層構成的建築型態。通常客廳或是大廳等共用空間的天花板高度會是２個樓層的挑高高度，為了盡可能提升挑空空間的效果，會放置正面窗，或是可以考慮與２樓空間的連接性。

- 躍層 skip follr 型：在內部空間的構成中，地板的樓高各相差半個樓層，並且互相連結在一起的建築型式。通常主要是利用傾斜地形的特徵自然地呈現這種內部空間，或是想要給予空間如「空間的連續性」、「空間內的空間」等變化時，也常常會採用這種型式。

- 底層挑空 pilotis 型：是指將建築物的一部分（或是全部）往上架高一個樓層，而下方的空間則故意採用開放式手法來呈現的建築型式。底層挑空的外部空間主要是拿來當作車庫、服務空間、步行空間、造景等

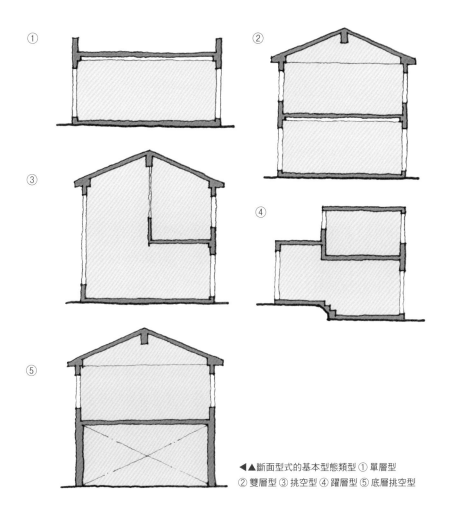

▶▲斷面型式的基本型態類型 ① 單層型
② 雙層型 ③ 挑空型 ④ 躍層型 ⑤ 底層挑空型

功能來使用，因為這種建築同時具有外部和內部的中間性質，因此可以期待內外部空間的貫入效果，以及從外部到內部的緩衝空間（媒介）等變化。

02. 傳統住宅的智慧和美學

　　過去的人們在建蓋房子的時候，都是先考慮到與土地相關的自然環境要素和地形地勢的特徵之後才進行設計。屋頂的型態是考量到陽光依據季節的變化而照射入建築物裡時的角度，以及當出現風雨時，避免雨水打入家裡的情況等；另外，為了防止木造建築受到地面溼氣的破壞，古代的人們也懂得將建築物的地板高度架高；為了要讓建築的內外通風良好，他們也懂得切割出適當大小的開口部；為了應變季節的變化，門窗的可變性設置也是古人在透過深刻的思考後所創造出來的精心設計。

　　透過對於傳統住宅的範例分析，與其只是模仿重現祖先過去建蓋所打造的建築物，還不如去理解祖先們在建蓋房子時的設計原理和概念，以理解這種表現方式為基礎，將其原理重新詮釋和應用在今日的建築上，傳統建築所擁有的獨特風味和智慧，也可以成為現代設計師創作靈感的泉源。

空間的位階性

　　位階是指序列中的上下關係，而在空間中也同樣存在有中心空間（正）和輔助空間（副），以及位階高的空間和位階低的空間，特別是韓國的傳統建築結構深深地受到儒教的影響，因此在空間上也時常會考

慮到大家族制度中，上下關係的位階性表現，另外風水地理或是陰陽原理等也都會反映在住宅的空間配置以及構成上。

　　韓國古代典型的傳統上流住宅，是由行廊房、舍廊房、主房、庫房、廂房、祠堂等六種空間所構成，在每一個空間裡都會有一個庭院，而這六個庭院是結合在一起構成的。根據男女、身分區別的概念，將上下的生活區分開來，在韓國傳統的上流住宅中，通常會在東北方設置有放置祖先牌位的祠堂，東邊則是男主人的舍廊房，西邊則是女主人的主房區域，而連接內外的媒介空間則是僕人的行廊房空間。在庶民的住宅中，則是以人居住的空間為中心，在住宅的前面會有院子和牆，以及道路，而在住宅後方則會有院子、圍籬以及山脈，以風水層面來看，所謂的好方位^{吉地}是指左青龍、右白虎、南朱雀、北玄武的模樣，也就是要有造山、主山、前山，前面還必須要有水流的構成，由環境層面來看，此種配置也是一種具有相當優秀的住居條件，日照好、風向的流通性佳、視野也很開闊，同時會讓人在心理上獲得安定和溫暖的感覺。

　　傳統住宅所擁有的造型特徵除了具有「位階性」以外，也可以從各方面的觀點來進行解釋，例如傳統建築物也能夠以與自然的一部分同化，隱藏不外顯的「樸素性」觀點，或是以室內外的空間相互連結的「開放性」觀點來理解，因此希望大家對於各自文化中的傳統住宅特徵能夠有更深入的了解，並且試著更進一步去學習。下文以韓國傳統住宅為例，分析幾項值得探討的設計特徵。

▲書百堂的航空照片。該建築是由一字型的大門齋和口字型的建築體（舍廊房也附屬在其中），以及神門和祠堂所構成。

▲房間的門和窗除了可以開關以外，還可以掛在天花板的鐵物（門扣或是拉扣）上。

分閣門的智慧

分閣門（可提舉起來的門）是充滿著韓國祖先的智慧，同時也是韓國傳統建築的獨特裝置之一。在冬天時可以將大廳前的門關閉起來，而夏天時則可以固定在梁柱的位置上，利用吊環將門水平地舉起，讓大廳的空間變得開放、幫助通風，使建築物內部變得涼爽。以功能層面來看，當門是呈現開放的時候，空間自然地就會變得廣闊，內外部空間也會相通，進而成為能夠處理家裡大小事的空間了，特別是祭官經常要進行許多的祭禮儀式，特別需要有足夠的空間。這種傳統住宅的多功能空間處理方式是在現代建築中難以看到的智慧設計。

在傳統建築中有時也會看到主房和大廳之間的門是以分閣門來區隔的，根據門的開放性功能，可以讓空間有延續性，同時也可以讓人有深入內院的感覺，由此可知空間的特徵可以反映出生活模式。與西方機能性建築強調個人隱私的層面不同，韓國傳統建築可以根據空間和空間的互相連

結性需求來進行變更，這樣的生活方式是以關係為中心、是具有流動性的，因此在進行現代住宅空間的設計時，我們必須要兼顧西洋功能性的層面和東方傳統流動性的層面，進而開發出更新穎的設計方針。

暖炕和木地板

　　暖炕和木板地是韓國傳統住宅中的一種住宅型態，這是為了適應四季分明的氣候條件所發想出來的生活智慧。在冬天時為了要溫暖地抵抗寒冬，會使用暖炕的暖房裝置，而到了夏天，為了要涼爽地抵抗炎暑，木地板的使用也相當發達。暖炕是閉鎖式的北方文化產物，木地板則是開放性的南方文化產物，而韓國則是結合這兩種不同的建築系統，創造了另一個獨特的建築型態。

　　暖炕是由火爐、抽煙管、炕洞、傳熱管、煙囪等所構成，是在火爐處燃燒木柴，將產生的熱氣透過煙管傳送到各房間，使地板整體的溫度提高，進而讓室內的空氣變得溫暖。靠近火爐、地板溫度最高的地方則

▲書百堂的舍廊房大廳

稱為「炕頭」。「抽煙管」是指將火爐燃燒的煙氣抽出的裝置，以避免讓熱氣再次回流到火爐內部，沿著傾斜的「炕洞」隆起部分，熱氣會慢慢地進行傳送，使整體房間內的溫度提高，熱氣在透過炕洞從煙囪處散出去之前，為了讓熱氣能夠停留久一點，因此放入了「傳熱管」裝置。

門

「高大的門」是為了要展現家世威望所建蓋，而「中門」則是連接舍廊房和主房之間的門，但是，在家中又再次地以中門和低矮的牆來做區劃的理由是什麼呢？這是因為舍廊房是屬於男主人日常的居處，也是接待客人的場所，同時也象徵著家門威望的空間，所以通常會架設起高高的基壇；而主房則是女主人居住的私人空間，只有家族裡的男性才能進出，這裡是男女區分的領域，因此為了達到保護個人隱私和阻擋動線的目的，才會在這裡設立起中門和矮牆來做區分。

另外在窗戶上所使用的材料是窗戶紙，由於紙張具有縫隙，可以讓風透進來，因此在夏季時也能讓房間內顯得涼爽、同時透氣功能也非常優秀，此外窗戶紙還具有半透明的視覺效果。另外為了防止太陽光照射

進來，門格的設計也相當特殊，門格上的圖樣隨著每個地區的不同，設計上也會有所差異，並且依據太陽光的照射量多寡，北方和南方地區的型態也會有所變化。

◀中門和矮牆除了具有區分領域的功能外，同時也具有阻擋動線和視線的效果。

03. **生活形式** ^{lifestyle} **的設計變數**

　　掌握居住者的生活形式是進行住宅空間設計時的一個必要過程，在現代社會中，家族的構成變得非常多樣化，也產生了新的家族類型。在過去的時代裡，通常都是３代同堂居住在同一個屋簷底下，但是現在已經很難找到能夠讓３代同堂的家族一同居住的房子了，在現代的社會中，最常見的是雙親和子女一同生活的２代家庭，另外還有沒有子女的夫婦世代、子女已另外成家的銀色世代等，同時我們也可以看到不婚主

▲田園住宅的室內景象

▲摩登住宅的室內景象

義者或是結婚後獨自一人生活的生活模式，以及也有許多沒有血緣關係的同居家族或是共同體家族等。

家族的構成以及生活方式的設計變數

　　根據家族的構成方式，家的規模和型態也會有所不同，是否有子女、子女是一個還是兩個、是男生還是女生，以及子女的年紀（就學前的兒童、國小學生、國高中生、大學生）等，都是影響空間規模和使用方式的變數。另外在與年長父母同住的家庭中，根據年長父母的健康狀態和生活模式，其空間的配置或是構成方式等也必須要適當地變更才行，另外當家中有殘障人士時，同樣要根據他的需求而進行內部空間的特殊規劃才行。

　　根據居住者的性向（性格／偏好），依照居住者是喜歡開放式、還是封閉式空間，是喜歡安靜式、還是動態式空間，是喜歡整潔俐落的形式、還是正式的形式等為依據，構想空間的規劃，同時根據主要使用時間或是生活模式等差異，進一步強調或是擴大其使用的空間，如果一對夫婦都是屬於晚下班的上班族，主要活動時間都在夜晚的話，則應該考量他們的生活作息來進行設計了。

　　另外，現代人也開始喜歡在住宅空間中從事各種娛樂活動（看電影、喝紅酒、做運動等），這是因為生活水準整體提升，因此一般人對住宅空間的要求也會希望透過物質條件來滿足享樂需求，又或者當居住者是喜歡招待朋友一起玩樂的人時，在進行設計時，則必須要保留空間並規劃出一個能夠同時讓多人聚會的寬敞客廳。

新家族的類型

隨著現代特殊的生活方式特徵，出現了許多新的名詞：例如不打算生小孩的夫婦，他們比較重視自己的工作和生活，被稱為「頂客族（Double Income, No Kids）」；另外也有子女都已經各自成家，只剩下自己享受退休生活的夫婦，這種類型被稱之為「TONK族（Two Only, No Kids）」，此外，我們也經常看到拒絕結婚制度，但採取同居，或是領養子女的家族存在。如果以傳統的家族基準來看，在現代社會中已經出現不少「變形」的家族構成（單親媽媽、單親爸爸、獨居老人、單親家庭、多文化家庭等），為了因應這種社會型態的變化，在住宅空間的形式上，也必須要有所改變才行。

未來的社會和住居形式

住宅是社會的產物，隨著社會變遷和技術水準的發達，在未來的社會裡，必定也會出現對應其改變的各種住居型態，有可能會是膠囊型的住宅，也有可能是深埋在地底之下的住宅，或是超高層公寓，如果再多發揮一些想像力的話，或許也可能會出現能夠移動的家或是海上住宅、海底住宅等，今日吸引我們關心的田園住宅，或是親環境綠住宅、3代同堂住宅等型態，搞不好反而在未來變得普遍化也說不定。但是，不管未來是走向哪一種型態潮流，住宅空間所必須具備的核心價值，仍是要

■ SECTION PLAN

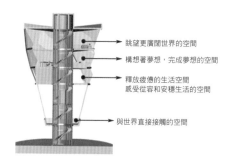

眺望更廣闊世界的空間

構想著夢想，完成夢想的空間

釋放疲憊的生活空間
感受從容和安穩生活的空間

與世界直接接觸的空間

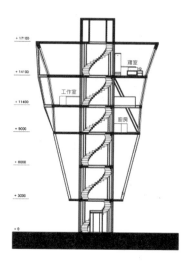

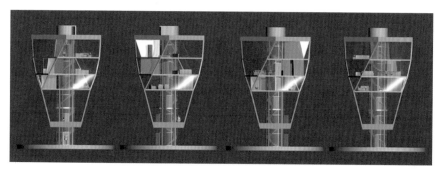

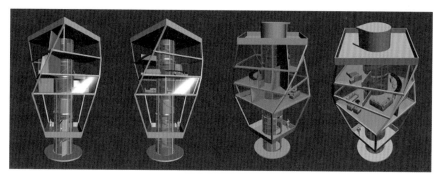

▲學生的未來型住宅範例

◀如果能夠反映出居住者的特殊性，那麼住宅空間將可以創造出具有強烈個性的設計發想。

讓居住者能夠在其中舒適地享受生活，為了達到這個目的，我們必須預先設想未來社會的變化方向，開發反映出符合家族周期和住居需求變化樣式的設計，追求能夠正確地掌握時代和社會脈動的住居文化性格，提供給居住者複合式的生活環境，並且活用符合新世代趨勢的技術和材料，進一步去控制 control 聲音、水、光、熱等能源，以決定應該如何使用日漸科技化的家庭自動化系統 home automation system 。

預測趨勢和設計的變化

　　某住宅開發業者做了關於住居形式的最新趨勢分析，內容非常有趣：「嬰兒潮世代（baby boomer）已經正式開始消失，男性在家中的時間變得越來越長，注重寵愛自己和享受生活的草食男成為住宅的主要消費者。根據這種急遽變化，唯有能符合他們需求的公寓和室內裝潢設計，才是影響未來住宅事業的成敗關鍵。」

　　該業者也表示房地產事業同樣會積極反映出這種趨勢，在該公司所發表的新住宅空間趨勢中，最引人注目的內容是「居家男人 Man In Housing」項目，這也可以解釋為是專為男性所打造的住宅，截至近期為止，住宅大多是為女性而打造的空間，例如廚房的窗戶配置位置、廚房面積大小，以及主婦專用空間等，都是以女性為出發點去進行設計規劃的，但是我們預測在2010年代將會逐漸發展為男性所設計的住宅，在化妝間裡會出現丈夫和太太共同使用的「雙人化妝台」，以及男性專用空間等。另外，專門為子女都各自成家，夫婦兩人一同生活的TONK族 Two Only, No Kids 所設計的「簡約小型」住宅也是未來的一種趨勢，在這種型態的住宅中，女主人和男主人都能夠擁有自己的獨立空間。此外，根據居住者個人特殊要求所設計的住宅，也將會是未來的主要趨勢之一。

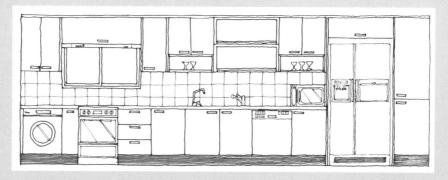

▲一般家庭的廚房配置形式

普及概念的社會和未來型住宅

「普及」ubiquitous 是我們未來社會產生巨大變化的新範例之一，普及技術除了會讓我們社會的系統有所改變以外，在生活環境的各方面上也會與現在有很大的不同。ubiquitous這個字源自於拉丁語，意指「到處存在的」、「普遍存在的」之意，也就是指能夠隨時隨地無限制地獲得想要的情報，並且活用情報來控制生活環境的意思，在與資訊技術融合的物理空間中，雖然仍無法控制特定的功能，但是卻已經可以同時執行複合性的功能，能夠更積極地對應環境條件，也因為如此，將能夠在空間的構想上進行更有彈性、複合性的設計。換句話說，現在利用物理牆面去做規劃的各房間界線功能，將會漸漸變得模糊甚至消失，並且出現強調相互有機連結的設計，因此空間將不再受到固定的界線所限制，而是具有彈性且不確定性。

結合了普及概念的未來型住宅，將會拋開過去與家人同樂的傳統概念，進而轉變為創造知識或共享情報的科技化生活，住宅的各構成要素（牆、天花板、家具等）被儲存在晶片中，並且可以透過遠端進行遙控。在家接受教育、在家工作、遠端健康診斷等事務將會變得更活性化，環境系統和功能的變化也自然會對住宅空間產生影響，根據居住者的職業或是生活方式之差異，可以擴大或是縮小住宅空間、進行有機性地結合、機動性地變形，又或是再進一步提出過去未曾出現過的新形態住宅。

04. 平面企劃的新趨勢

　　隨著現代人的新生活方式和個人偏好不同，有別於原有一般型態的新型式平面設計也逐漸登場了，現代建築開始偏向統一的住宅型態或是公寓型的平面規劃，同時在設計中也回歸並喚醒住宅空間的原始初衷，並且賦予住宅獨特的意義概念，強化居住者在住宅中與家人的聯繫。此外，為了追求趣味生活以及重視精神價值，因此就算是機能性不足，也還是希望能開發出特殊的空間構成。

開放的空間構造

　　為了讓家族成員能夠和睦相處，在設計住宅企劃時，能夠採取開放性的空間構造是最好的，若是沿著走廊排列各個房間，當大家都把門關起來時，誰也不會知道其他人各自在房間裡做些什麼事，這種像是辦公室的住宅，很難被稱為是具有真正意義的住宅空間，在一個家庭裡要能聽到有人煮菜的聲音、小朋友玩遊戲的聲音，能夠自然地感受到家人活動的住宅，才是名符其實真正的住宅空間，在這種條件之下，除了化妝室或是寢室等需要尊重個人隱私的空間以外，在進行其他空間設計規劃時，盡可能以開放式的構造來進行平面企劃會更棒。

◀環繞中庭的壁面以透明的玻璃來取代，這是為了讓內部空間具有開放的特性，同時也能隨時看到家人的活動。

迴游性的動線

　　如果每間房間都單純地採取單向通行的動線來規劃，雖然也許非常具有功能性和效率，但是卻無法賦予生活特別的樂趣，如果能夠在家中製造出環繞家一圈的迴游性動線構造，反而可以提升生活的趣味性。隨著迴游性的動線，讓居住者仔細地欣賞自己的家，形成一種新的視覺構造，同時也能夠互相觀察和參與家人的活動，加深家人之間的情感。此外，隨著移動的動線，各式各樣的視線變化也會在建築空間裡變得更加

豐富，雖然這種方式會讓動線變長或是造成些許的不方便，但是為了讓
空間具有活力、賦予視覺上的樂趣，以及讓家人之間有更好的互動關
係，這種迴游性的動線體系是在進行設計時值得深刻研究思考的。

不明確的功能空間

比起將所有空間都設定出明確定義、賦予特定功能，偶爾不賦予空
間特別的功能，或是讓該空間變成複合性的空間構造，也是一種不錯的
選擇，例如家庭娛樂室、休閒室、工作室等空間，可以將客廳廣大空間
的一部分拿來當作多功能空間使用，或許會帶來不錯的效果；或是讓走
廊的空間變寬，在房間和房間之間多放入一個媒介的空間等，透過活用
多樣的變化創造出更多不同的設計，在東方傳統住宅中的大廳、院子，
或是各棟建築之間的空間就具有這種性質，這種不明確的空間會變成建
築與建築之間的空間、轉移空間、媒介空間、放鬆的空間，同時可以擴
展鄰接空間的性質，創造出各式各樣的生活模式。

內和外的中間空間

人的生活方式很難明確區分出是內部化還是完全外部化的生活，特
別是在炎熱的夏天裡，人們會想要吹到涼爽的風、尋找陰影避暑，因而
希望採取開放式且外向的生活，然而在秋冬季氣溫變低時，則會希望能
夠處在可以曬得到太陽的地方，因此就必須要在室內創造出如同戶外、

◀住宅中的院子（中庭）是具有連接內部和外部的媒介性質，同時也可以讓我們感受到自然的秩序和變化。

而在戶外又可以光腳走在地上、坐在椅上子安靜閱讀的空間，為了滿足這種雙重需求，可以嘗試將在陽台上方的屋簷拿掉、在室內設置有天花板的日光浴室 sun room、在室內放置一個外部的空間，或是設置一個可以與室內和外部連結的連接門等設計。

立體的空間連結

在並列型的平面配置中，放置橋梁的連接通路可以強調動線安排，讓上層平板的一部分採取開放的方式，以垂直連接空間的虛體 void 方式賦予立體性的空間感，高聳的樓高會上下傳達聲音和視線，因此在虛體下部空間中也可以具有戲劇性的感受。不過，如果以熱效率層面來看，其中的確具有某些缺點存在，因此在進行設計時，必須要多方考慮到目的和效果層面，以決定各種設計應該要放置在哪個適當的位置、設計為多高、多寬等。

感受自然的秩序和變化

　　如果能在建築內設置一個可隨時隨地感受到自然秩序和變化的空間，那麼將會是一個好的建築設計，下雨時可以聽到雨滴的聲音，下雪時則可以欣賞美麗的雪景，在白天可以照射到溫暖的陽光，到了晚上則可以靜靜地感受月亮以及星星之美；另外，如果可以進一步在建築物內感受到流動的風，在庭院的樹下坐下來曬曬太陽、欣賞落葉之美的話那就更美好了，就算家的周遭都被鄰接的建築給包圍起來，只要能在建築物內設置一個小庭院，還是可以享受到自然的美景和樂趣的。

獨立的餐廳

　　如果在住宅中有多餘的空間，建議最好設置有獨立的餐廳，由於現代人漸漸重視休閒生活的關係，因此在周末邀請朋友客人舉辦簡單的晚

▶獨立的餐廳

餐派對也是常有的事情，為了讓大家能夠專注地用餐以及分享對話，最好將餐廳與廚房和客廳做出區隔，另外，現在會在自家餐廳中與家人同樂的家庭也逐漸增多，餐廳從本來只是為了用餐的場所，漸漸地轉變成可以在此看報紙、小酌兩杯，或是喝茶與家人聊天的空間，因此在設計餐廳時，必須注意讓餐廳具有某種家庭娛樂室的效果。

休閒室的多樣化

休閒室也可以打造成以讀書為主的空間，在書房空間裡可以放置寬大的書桌和書櫃，而書櫃的一部分也可以切割出來放置小型冰箱和酒櫃 wine cellar，或是放置舒適安穩可坐下來閱讀的扶手椅、沙發等；另外當作聆聽音樂 audio room 或是欣賞電影 home theater 的空間，也是現代人的另外一種休閒選擇，如果是為了滿足娛樂目的來使用的話，在一開始就必須要先做好種種的設計，例如螢幕以及音響裝置設備的位置，以及沙發的配置等問題，都必須要慎重地思考和安排，此外，為了能夠積極地享

▲住宅空間內的視聽室

◀書房兼個人工作室

受趣味生活，該空間也可以作為從事木工、陶藝、油畫作業、設計等的畫室使用，但是因為這個空間很容易發出噪音、可能會讓他人感到煩燥，因此最好是設置在地下室等較為獨立的空間會比較好。

提升生活品質^{wellbeing}的浴室

現在的浴室除了具有單純的功能以外，也開始具備洗去日常生活疲憊的意義，隨著生活習慣的變化，過去由於淋浴相當地方便，使得人們會偏好採取淋浴的方式來洗澡，相對地浴缸的使用度就變得很低，然而現在隨著生活品質的要求趨勢以及半身浴的流行，再次地讓人們產生了使用浴缸的念頭，因此也出現了許多高級的水柱按摩、具有水療效的浴缸和家庭式三溫暖設施等，而為了要讓人們能夠享受洗澡時光，也出現了能夠讓人一邊泡澡一邊閱讀、喝飲料等輔助工具，或是收納設備和電視等設施。

| 仔細思考 | **關於設計問題意識的參考文獻** |

單行本

- 《20世紀NEW住宅》，JONATHAN BELL，李俊石譯，國際，2006。
- 《20世紀的名品建築》，COLIN DAVIES，韓國住居協會譯，善，2010。
- 《居住的概念》，C.N.Schulz，李載勳譯，泰林文化社，1991。
- 《空間設計16強》，全英傑，國際，2001。
- 《對空間說話》，趙宰賢，mentor press，2009。
- 《打開空間》，金仁哲，Dongnyok，2011。
- 《我想要改變世界》，Karim Rashid，金勝裕譯，Mimesis，2005。
- 《重新構想箱子》，鄭進國，pixelhouse，2010。
- 《新住居的型態》，李文燮，kimoondang，2007。
- 《Shelter》，洛伊德肯恩，李涵重譯，鄉村生活，2009。
- 《室內設計的美學》，STANLEY ABERCROMBIE，韓英浩譯，國際，1996。
- 《Ergodesign》，崔大碩，Ahngraphics，2008。
- 《Ubiquitous要如何變化建築》，日本建築學會，金泰言譯，kimoondang，2008。
- 《互動建築空間》，MICHAEL FOX，MILES KEMP，南秀賢譯，SPACETIME，2010。
- 《Responsive Environments：Architecture, Art and Design》，Lucy Bullivant，泰英蘭譯，pixelhouse，2008。
- 《宇宙》，蘇潤英，kungree，2005。
- 《In the Praise of House》，中村好文，鄭英熙譯，davinchi，2008。
- 《家是人權》，住居權運動網路，ewho，2010。
- 《崔汎碩的點子》，崔汎碩，prunsoop，2008。
- 《韓屋的空間文化》，韓屋空間研究會，kyomunsa，2005。

學術論文

•〈都市遊民的新住居-從持有到接續〉，權辛九，慶熙大，2010。

•〈有關未來住居企劃中出現的特徵研究〉，趙漢祖，仁荷大，2010。

•〈普及環境以及未來住居變化的考察〉，金敏晶，弘益大，2004。

•〈有關套用拼湊概念的住宅空間設計研究〉，李載日，弘益大，2007。

•〈套用混合概念的住宅空間企劃〉，金基賢，弘益大，2006。

•〈有關現代非定居性實驗住居設計的空間特性研究〉，南善化，建國大，2008。

•〈根據現代人生活型態的改變所進行的新假想住宅空間〉，鄭尚賀，弘益大，2008。

•〈混合性(Hybridity)的住宅空間設計研究〉，金賢貞，梨花女大，2007。

•〈套用minimalism空間特性的現代住宅空間企劃研究〉，趙英菀，誠信女大，
　2001。

•〈透過「Un-Private」概念來看現代住居〉，黃德賢，釜山大，2005。

◆ 如果能找到以上資料來做參考，將會對設計有很大的幫助，此外還可以找到更多
更好的資料。比起讓自己的想法在原地打轉，如果能夠多多接觸各類參考書籍或資
料，會讓你的想法大大地躍進。

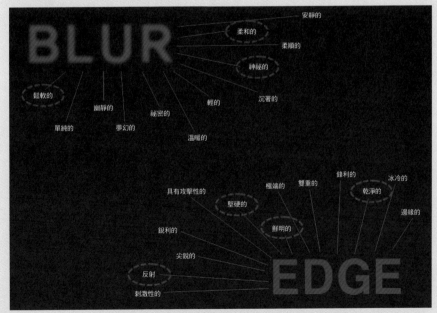

▲閱讀參考資料可以讓自己獲得新的想法，透過獲得一個新靈感，就要將其想法擴展
開來，這稱為腦力激盪（brainstorming）的過程。

part 2.
design tips

尺寸和規模美學 tips

05. 人體尺寸和動作範圍

住宅空間中最重要的縮尺，原則上是以人為標準，意即必須依照人體的縮尺去進行住宅空間的設計，為了讓老人或是小孩能夠平穩舒適地生活，在設計時應該要採用適合他們的尺寸，如果當一個人停留在一個忽視人體縮尺的空間中時，一定會感受到莫名的緊張感或是不舒服的感覺，在設計住宅空間時，如果要避免讓這種心理性問題發生的話，首先必須要對基本的人體尺寸和人們的動作範圍有基本的認識。

基本的尺寸

在測量人類的生活環境時，當然要以人體的尺度為基準來進行測量。尺寸在生活中是被多樣化活用的，例如「手掌完全打開時，拇指到小拇指之間的距離」大約是20cm，「尺」則為30cm，有句俗語說「３尺童子也可以做得到」，在這裡所指的童子即是大約90cm高的小孩；還有人說「就算熟知十條水路，也還是很難了解一個人的整體」，在這裡所指的「一個人的整體」是指成年人的身長；而在測量布料時，使用的畫線尺是以90cm為基準當作一單位，稱為「一碼」；衣櫃通常則是以「９呎」、「10呎」、「11呎半」等的「呎」為單位來計算，而在建築材料上也是以30、60、90cm的「呎」為單位來生產的，木材的單位則

是以「才」來計算，1才大約為30cm²，分別有4才、5才、6才等的板材。

在住宅空間中，也必須要以上述尺寸為基準來決定房間大小，這樣才能夠與建築材料的尺寸互相搭配。另外，在進行設計時，則會使用到建築的基準單位「模數 module」，30cm為1module ¹ᴹ，透過標示這種簡便的模數數字，可以明確地表示出尺寸，也便於設計者和製作者能夠精準地了解各個距離尺寸，意即藉由標示1M、2M、3M等尺寸，在規劃建築材料和設計零件、進行施工的過程中，能夠更有效、更具經濟性地進行作業。

人體尺寸

人體尺寸根據人種別、年齡別、性別不同而會有些許差異，因此在進行空間設計時，必須要依照生活在該地區的人們的平均人體尺寸來進行，設計採用的尺寸必須符合該空間的特定使用者，例如幼稚園廁所選用尺寸較小的縮小型（兒童型）馬桶和隔間，但相反地如果是在西方人使用頻率較高的飯店或是機場等空間時，就必須考慮到他們的身體尺寸來進行設計。另外在學校的部分，由於青少年的平均身高比過去相對地高了許多，因此須注意依照今日青少年的身體尺寸來設計適當大小的學校用具。

正因如此，為了要設計出符合人們需求的生活空間，我們必須要對人體尺寸有基本的了解，在進行詳細的說明之前，先以人體的身長為基準，來看看各人體尺寸的比例吧！如果把身長稱為「H」的話，那麼眼睛的高度則為0.9H、把手伸起來的高度為1.2H、將雙手打開時的寬度為H、坐下來時的高度為0.8H、肩寬幅度為0.25（1/4）H，坐下至屁股的

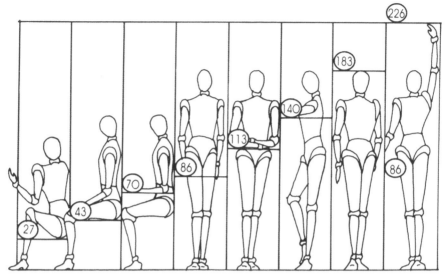

▲人體尺寸的概略基準

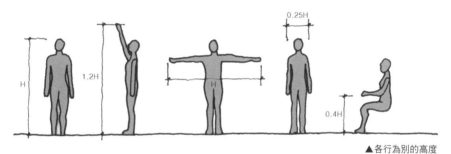

▲各行為別的高度

高度為0.25（1/4）H，而桌子的高度則是0.4H。因此，在決定空間或是家具的高度、寬度和長度時，人體尺寸就成了最重要的基準。

動作範圍

在進行空間設計時，除了依照基本的人體尺寸以外，還必須一併考慮到人們在進行動作時所需要的空間範圍，例如走廊的空間大小至少需要在一個人的肩寬（45cm）以上，為了要讓一個人能夠順暢的通行、

雙手自然地擺動的話，至少需要設定為60cm；因此為了讓兩個人能夠同時通行走廊，必須至少保留120cm的空間，就算是一個人先讓行的情況，也至少需要有90cm的距離。若是在大眾使用的公共空間當中，則最少需保留規劃出120cm的距離，因此在一般家庭中，走廊或是樓梯的

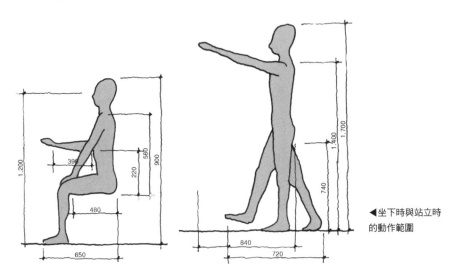

◀坐下時與站立時
的動作範圍

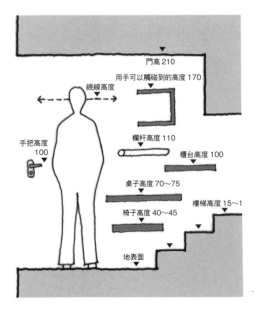

◀人體尺寸和室內各部位的高度

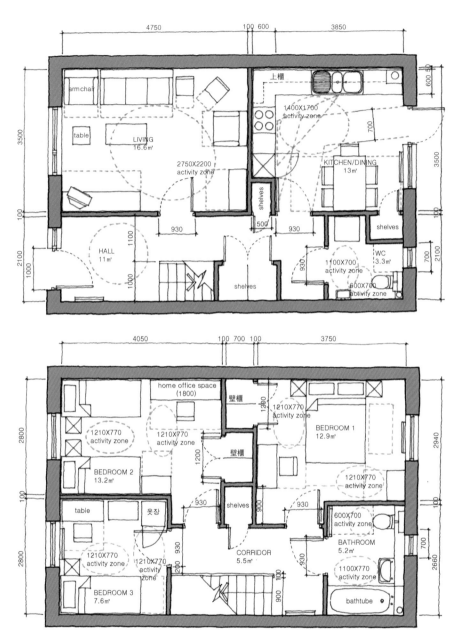

▲根據住宅室內空間（1樓和2樓）的動作範圍所設計的最小幅度尺寸

179

寬度可設定為90cm，但是如果為辦公室的話，那麼就至少要規劃出120cm的距離。請注意這些都只是極限邊緣的最小尺寸而已，如果必須與不認識的人肩並肩擦身而過，不管是誰在心理上都會感到非常不自在而有負擔，因此在進行實際設計時，建議最好將這個尺寸再拉寬一點才舒適。

　　在住宅空間中，為了打造足夠的用餐空間以及方便他人自由地通行，在設置餐桌和椅子時，周遭最好保留70cm以上的移動空間；而在會進行各種活動的客廳裡，就算已設置好家具，客廳中央也必須空出一定的空間，以確保活動領域；在浴室的部分，除了設置好各種器具以外，也必須規劃出適當大小，以便人們在其中自由地活動。因此，在決定各房間的尺寸時，除了要考慮到人體的尺寸和家具的大小以外，還必須一併考量人們在進行各種活動時需要的動作範圍和充裕的空間才行。

※決定尺寸的要素：
　人體尺寸＋動作範圍＋家具大小＋充裕空間＝設計尺寸

06. 家具的基本尺寸

　　家具根據使用目的之不同，大致分為三種大小：例如椅子或床等以支撐人體為目的的家具，被稱為「人體系家具」；而桌子或是書桌等，是以提供人們在其上進行作業或是放置物品為目的的家具，則是「工作系家具」；另外像是櫃子或是架子等，是以整理、收納為目的的家具，即是「收納系家具」，這些家具讓人們能夠更方便、更有效地進行各種行為，因此必須要適當地使用在室內空間中，就算是具有同一種目的的家具，根據其空間的規模或是個性上的差異，家具的大小和配置方式也

▲書桌、椅子、書櫃的配置

181

必須有所不同，根據室內的不同家具以及透過何種方式來安排放置，其空間的氛圍和人們移動的方式也會有所不同，因此在進行各種安排之前，必須要對各種家具的大小和使用特徵有明確的認知和概念。

寢室家具

床是能夠讓人們安穩休息的家具，所以在選擇床時，必須具有充分的長度和寬度，標準化的床墊大小有單人床1,000×2,000mm、雙人床1,350×2,000mm、QUEEN SIZE1,500×2,100mm以及KING SIZE1,800

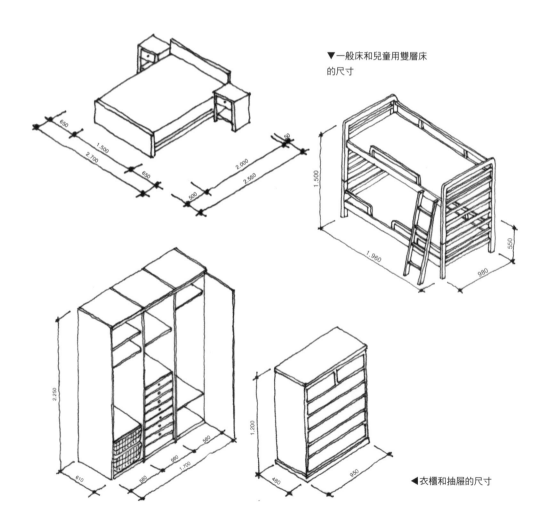

▼一般床和兒童用雙層床
的尺寸

◀衣櫃和抽屜的尺寸

×2,100mm。在寢室的櫃子部分,放置棉被和掛置衣服的櫃子幅度大約設定為600mm左右比較恰當,櫃子的長度可以根據房間大小不同,而有不同的設定,但是一般是以呎為單位來計算,也就是說10呎的櫃子大約為3,000mm,11呎半的櫃子長度為3,450mm。另外,近年來也有許多直接裝釘在牆上系統櫃取代了舊式的櫃子,這種櫃子通常與牆壁和天花板連成一體,可以讓空間看起來更加地簡潔俐落。

客廳家具

沙發是讓人們長時間舒適地坐著休息、進行特定行為的家具,在沙發上大家可以分享對話、可以觀看電視節目或電影、可以聆聽音樂或讀書等,除了是可以讓家人們聚集在一起享受天倫之樂的地方,偶爾也是

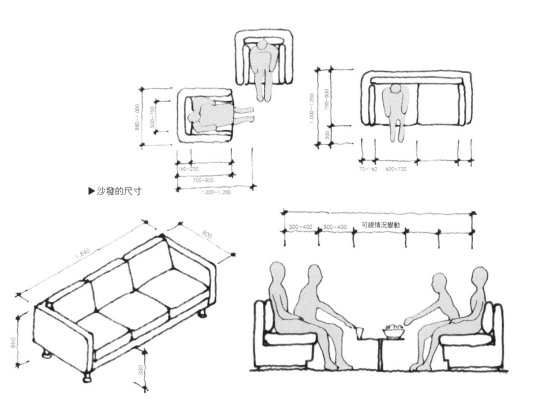

▶沙發的尺寸

接待客人，與客人交流的場所，因此在一般的家庭中通常都會放置2～3人用的沙發。

廚房以及餐廳家具

　　廚房的廚房家具通常都擁有將各種功能的家具聚集在一起合為一個型態的系統化特徵，大致上分類為為了料理的功能和為了收納的功能，除此之外，還集結了各種設備系統，可讓家具的數量或規模變得更大，例如利用上層玻璃櫃、小壁櫃、下層微波爐櫃、醬料櫃、開瓶器掛架等以增加物品的收納量，也可以放置專門收納高級餐具的玻璃櫃。

　　此外，在廚房裡會花費最多時間進行的即是處理和烹煮食材、洗碗等工作，因此在設定廚房家具的高低和寬度時，也必須要考慮到使用者的活動範圍才行。流理台（下層櫃）的高度大約是距離地板850～

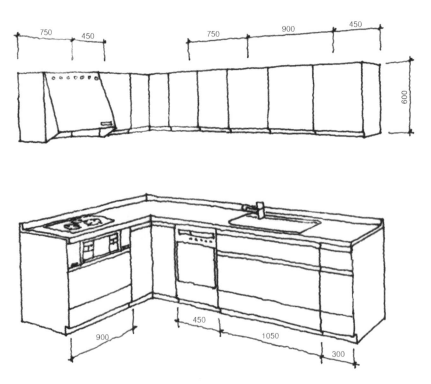

▲廚房家具的尺寸

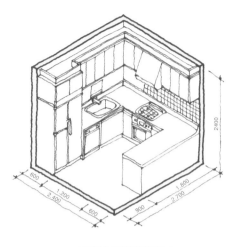

▲廚房的家具配置和尺寸

▲廚房家具和餐桌配置的範例

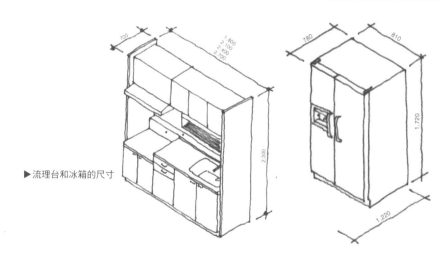

▶流理台和冰箱的尺寸

900mm左右，流理台和壁櫃（上層櫃）之間的高度距離以400～450mm最為恰當，流理台的長度如能在550～600mm之間最佳，壁櫃的長度則需要在300mm以上。

根據家族成員人數的不同，選擇不同大小的餐桌，形狀可以是正四

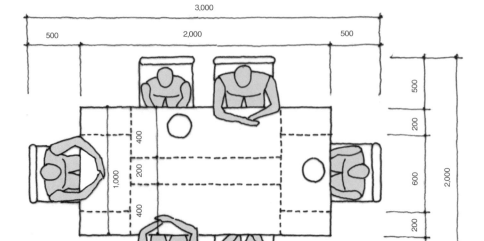

▲ 4 人用或是 6 人用餐桌的尺寸

方形、長方形、圓形,或是橢圓形等。當一個人在用餐時,足夠的活動空間大小通常為長600～650mm、寬350～400mm左右,因此 4 人用的餐桌大小則可計算為900×1,200mm左右(請參考上圖)。餐桌的高度一般在700～800mm之間,請配合餐桌的高度來選擇恰當高度的椅子。

07. 有關高度的感覺

　　人們的視線高度平均為1.5m左右，因此在進行設計時，要把重點放在視線的高度內，同時要讓周遭環境與視線有實際的連接，考慮到視覺感官效果的設計才能夠提高使用者的期待、刺激人們的好奇心，因此當人們在坐下時，其視線景觀的尺寸也將是設計的一個重點。

天花板高度

　　在提到空間的垂直高度時，必須要區分兩種用語，一種是「天花板高度」，而另一種則是「樓層高度」。「天花板高度」是指從地板建材平面開始到天花板的高度，而「樓層高度」則是指從樓下層構造地板面開始到樓上層構造的地板面高度，換句話說，樓層高度是包含了天花板高度和天花板上部的設備空間，以及上樓層地板層板的厚度。在天花板和上樓層地板層板之間的設備空間裡設置有構造體的橫梁，同時也有各種配管以及電線經過。

　　根據天花板的高度不同，照明方式或是冷暖房設備、自然採光的程度都會有所不同，此外，天花板的高度也會決定房間的整體氛圍，並且影響居住者的心理層面，因此在進行規劃時，這點也是需要特別注意的，要盡量依照各房間室內的特性確保恰當的天花板高度，例如客廳通

▲以天花板的高度變化來劃分空間領域。

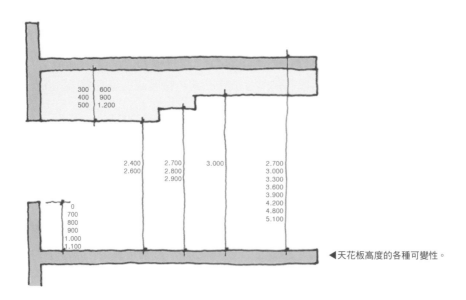

300	600
400	900
500	1.200

2.400	2.700	3.000	2.700
2.600	2.800		3.000
	2.900		3.300
			3.600
			3.900
			4.200
			4.800
			5.100

0
700
800
900
1.000
1.100

◀天花板高度的各種可變性。

常是2.4m左右、走廊大約是2.1～2.4m，而廁所則要保留2.1m的天花板高度。天花板高度很高時，通常會給人一種垂直性的空間開放感，但如果只是一味的提高天花板高度，但是室內的寬度卻相對不夠時，反而會讓人產生不安的感覺；相反地如果天花板的高度過低，雖然會給人安定的感覺，但是如果手抬起來就可以觸碰到天花板，也就是說天花板高度在2.1m以下時，也很容易對人造成不舒適的壓迫感。

開口部的高度

開口部是指在牆壁或是天花板等一部分設置開放的空間，通常是指門或是窗戶等。開口部通常大多具有採光、換氣以及通風等環境性的功能，或是具有讓人們和物品通行的動線性功能，以及讓外部景觀延伸或是讓內部空間產生開放感的視覺性功能。根據開口部的使用目的不同，會直接地影響到人們的行為或是心理，所以開口部的大小和高度都必須要慎重地規劃，當人們在站著、坐著、躺著，或是靜靜地不動時，因應各種行為而產生的視線變化和行動，也都是在設計開口部時需要考慮的部分。

像是傳統的韓屋，通常會在400～500mm的地方設置窗戶，當人坐在地板上時，其高度剛好可以對應到眼睛的位置。一般坐在立式空間的椅子上時，其對應的視線高度為700～800mm，而廚房、廁所、洗臉台等主要以站立姿勢往外看的高度則為1,100mm以上。

門的高度基本上設定為2,100mm，但也可以設置更高大的門，門一邊的寬幅以900mm為基準，最大可以採用到1,000mm～1,200mm，最小可以採用到800、750、600mm，門把的高度大約設定在900mm上下。

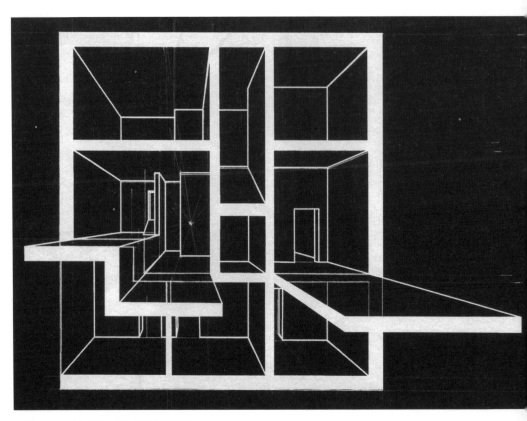

▲顯示各種樓層高和開口部高度的斷面概念圖。

08. 各房間的規模和家具配置

　　在住宅空間中，家具除了可以協助居住者進行特定的行為以外，在營照空間氛圍方面也是非常重要的元素，根據使用者在各個場所進行不同的行為，營造出氣氛上的變化，家具的選擇和位置安排也必須要多費心思去設計。

　　在配置家具時，要考慮實際使用的情況，同時顧慮到是否有足夠的空間，不僅考量家具本身的大小，同時還要計算出使用時需要多少的充分空間，以及經過使用家具者的身旁時，通行者所需要的空間等，因此在安排家具的放置位置時，並不是單純地把家具放在那裡而已，而是要

◀規劃各房間別的家具配置

自然地將家具分散陳列，才能夠營造出獨特的氛圍，不過此時需要注意一點，不可毫無章法地將家具分散放置而讓人的視線和動線產生混亂。

客廳

　　客廳是進行各種活動的空間，也是成為家族生活重心的空間，所以客廳通常會被安排在住宅空間中的最中心位置（這裡所指的中心位置並不一定是指平面上的中心位置，而是指人內心裡的中心位置），同時空間面積也會是最大的。客廳是具有多目的性質的空間，根據居住者的住居要求，為了強調其特殊的功能，客廳的家具配置方式會有相當大的變數，最一般的方式是以電視或是壁暖爐為中心，沙發則採用面對面的形

▲利用３Ｄ圖示所製作的客廳家具安排範例

▲以壁暖爐為中心，沙發設置為面對面的範例。

式做配置，但是在這裡仍然有許多變數，例如：沙發和壁面需要相隔多遠？沙發的大小和型態要選擇哪種形式？透過窗戶可以看到外部的景觀嗎？這些決定都會改變家具的配置方式或是空間的樣貌。

　　如果希望能在客廳反映出特定的趣味活動或是生活模式的話，那麼變化的因素就更多了。如果要在客廳裡演奏鋼琴，就需要有空間放置鋼琴、若要觀賞電影的話，則需要配置有相關系統（影音設備）、如果想要品嚐美酒，那麼必須在空間中放入一個小酒吧檯等，這些活動所使用的物品也必須對應配置在家具當中，由於現代人已漸漸脫離以電視為中心的生活，開始喜歡與家人聚集在一起看書或是享受趣味生活，因此有關這類型的家具安排已成了近來的設計趨勢。在配置客廳家具時，需要注意不可以阻擋到通往客廳周圍空間的移動通路，以及必須確保在進行該行為時所需要的充裕空間，另外如果能夠擁有放置壁畫或是裝飾品的壁面空間會更好，根據每個案例的情況不同，也可以利用客廳的一個小角落營造出具有氣氛的獨立空間。

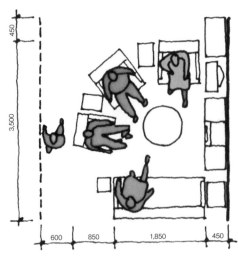

▲客廳的家具配置和尺寸

▲客廳除了扮演實際出入口通路的角色以外，還必須要誘導人們將注意力和視線集中於此，如果能讓家的每一個地方都多少能夠看到客廳的部分景觀，或是聽到從客廳傳來的聲音，那麼家人們就更容易聚集到客廳之中。

廚房

　　廚房是家庭主婦、主夫最常進行家事的場所，因此廚房機器、料理台、收納空間等都會集中放置在這個地方。廚房設備一般是依照冰箱──準備台面──流理台──料理台──微波爐──設定台面──餐桌的順序來構成。最簡單的廚房配置是將廚房工具和料理空間設置在同一邊的牆面上，這稱為「一字形配置」，由於這種方式可以集中配管以及配線，因此也比較具有經濟效益，但是缺點在於作業的動線會比較長，所以比較適用於小規模的廚房。另外「ㄱ」形或是「ㄷ」字形的配置則是根據牆壁的型態來安排廚房的設備，這是比較具有效率的配置方式，會在廚房內形成直角三角形的作業動線。而設置有兩個料理台的平行設置則稱為「並列型配置」，這種配置方式可以集中活用空間，但是

▲以３Ｄ圖象製作的廚房家具配置範例

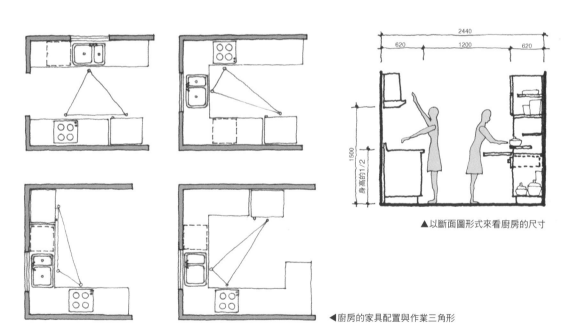

▲以斷面圖形式來看廚房的尺寸

◀廚房的家具配置與作業三角形

在料理時卻常需要繞來繞去，會有些不便，並列型工作台的適當間隔需要讓兩個人以上在空間中順暢地進行料理，因此至少需要間隔1.2m左右才行。島台型 island（分離型）配置如同小島一樣，利用輔助流理台和一字形或是「ㄱ」形配置所組合而成，分離島台通常有利於接近各個方向，同時也可兼作簡單用餐的台面使用。不管選擇上面哪一種配置方式，由移動頻繁的冰箱／流理台／微波爐等三個動線所構成的路徑稱為「作業三角形 work triangle」，而這三個路線的長度合起來必須控制在3.5～6.5m以內為佳。

餐廳

餐廳的大小和型態必須要考慮到居住者的主要生活模式來規劃，例如若是採用把廚房的一部分當作是餐廳空間來使用的DK dining kitchen 形式，就可以縮短為了用餐所進行的服務動線和時間；如果是把客廳的一部分當成是餐廳空間使用的LD living dining 形式時，其優點在於可以加深與家人的情感交流；另外若是乾脆把餐廳與其他空間分離，採用獨立用餐空間的話，有助於更專注在用餐上。此外還有在廚房工作時也能夠照顧小孩的形式 kitchen playroom，以及可以在陽台或是露台等空間用餐的形式 dining porch 和具有露天餐廳 dining terrace 概念的形式。

料理空間和用餐空間最少要相隔1.2m以上，與收納櫃等其他家具或是通路間隔0.9m以上，這樣在起立和坐下之間才不會感到不方便。考慮到這些要素，將6人用餐桌放置在擁有通道的獨立餐廳時，一般來說必須具有3.0×3.0m以上的空間才足夠。

▲在獨立的餐廳空間裡設置壁暖爐和可看到戶外的對外窗。

▶透過斷面圖所看到的餐廳尺寸。

720

410

500　800　500

寢室

　　寢室是私人的領域，同時也是使用者會花最多時間停留的空間，因此在選擇家具的配置時，需要考慮的事項相當多，除了要確保個人的隱私權以外，還需要考慮到採光、通風、換氣、隔絕噪音等環境層面。在打開寢室的房門時，也要避免讓床直接被看到，另外如果床頭[head board]直接對著窗戶的話，很容易造成心理上的不安感，也可能會比較容易感冒，建議可以在床邊放置有利於閱讀或是營造氣氛的照明裝置邊桌（床頭櫃）。此外，收納衣服以及棉被的櫃子通常也會被安排放置在寢

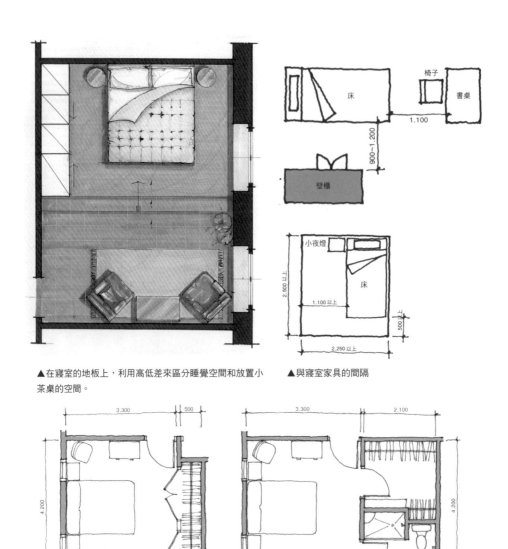

▲在寢室的地板上，利用高低差來區分睡覺空間和放置小　　▲與寢室家具的間隔
茶桌的空間。

▲寢室的空間構成和尺寸

室之內，最近出現許多與牆壁一體化的系統家具，如果有充足的空間，
可以將這種貼壁式櫃子和化妝台放置在專用化妝室 powder room 中。為了
方便上下床，床邊必須要留有900mm左右的充裕空間，如果房間裡放

置有兩張床時，床與床之間的間隔必須要維持在750mm以上，另外如果需要從櫃子裡拿出衣服或是棉被時，為了能夠無阻礙地進行這個動作，建議床與櫃子的距離至少要相距750～900mm為佳。

浴室

　　浴室是解決我們生理需求的空間，因此浴室的配置最重要的就是要滿足舒適和確保隱私的功能，近年人們也喜歡將浴室作為消除疲勞、補充能量的空間來使用，因此浴室的功能也逐漸地在擴大中。在浴室中除了要確保個人的隱私之外，建議盡可能設置窗戶，好讓浴室能夠具備採

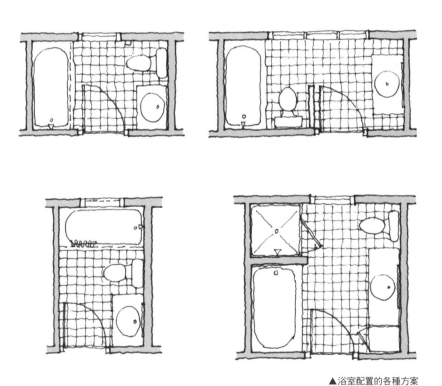

▲浴室配置的各種方案

▲以３Ｄ圖示所製作的浴室配置範例

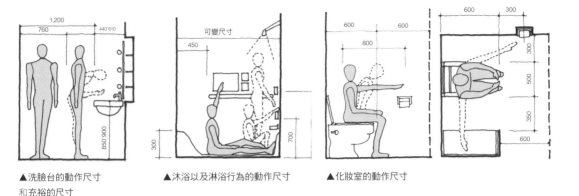

▲ 洗臉台的動作尺寸
和充裕的尺寸

▲ 沐浴以及淋浴行為的動作尺寸

▲ 化妝室的動作尺寸

光和進行換氣，在小規模的住宅構造中，浴室的大小可設定在1.7m×1.6m，足夠放入馬桶、邊桌型洗臉台以及淋浴用具了。一般包含有浴缸、洗臉台、馬桶等最普遍化的浴室大小約為1.7×2.4m左右，若是採用了包含更衣室或是水療spa功能的大型浴室，或是裝設有淋浴裝置時，就必須再擴大浴室的空間。另外最近也流行將廁所或是洗臉台與浴室空間做出區分，以達到乾濕分離的效果。

浴室門的寬度以700mm左右較為恰當，浴缸寬度為700mm、基本長度為750×1,200～1,600mm，洗臉台寬度大約是350×450mm、高度以700～750mm較為恰當，另外馬桶的大小則是以600×550mm為基準。

玄關

玄關是連接住宅外部和內部的媒介空間，也同時具有公共空間和私人空間、動態活動和靜態活動、主人和客人，以及迎接和送客等複合性特質。以環境層面來看，玄關也是住宅內部的靜態生活與外部環境的溫度、風和灰塵等的交界地，因此在這個部分必須兼具可以接待客人、收納以及阻擋外部環境的功能。而玄關的最小尺寸寬度為1.2m、長度為0.9m，但一般大多設定寬度為1.8m，長度為1.2m左右，為了強調寬大

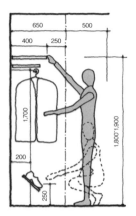

▲在壁櫃中可收納不想拿到室內的物品，例如鞋子、雨傘、大衣、運動用品、高爾夫球具、滑雪用品、釣魚用品、滑板、購物袋、幼兒車等。

▲收納櫃的動作尺寸

的收納櫃、中門，以及裝飾性的圖畫等物品時，必須要有更寬廣的玄關空間，而穿脫鞋的玄關地板最好要有10～16cm左右的高度落差，在出入口外面稱為「門廊 porch」，為了能夠讓門有足夠的空間可以開合，必須保留1.5m以上的空間會比較好，另外在下雨天時，為了利於進行收開傘的動作，建議最好在玄關處設置遮雨棚。

住宅空間的通用設計 universal design

　　年長者的寢室最好不要離家人的房間太遠，比起2樓的位置，將年長者的房間安排在1樓會比較好，由於年長者停留在家中的時間比年輕人來得長，因此對在身體上或是心理上較為衰弱的年長者來說，充足的自然採光和良好的景觀是必要的，另外年長者的房間與廁所也盡量不要相距太遠，盡可能在房間裡設置有專用的廁所會更實用。而在兒童房的部分，通常白天是用來玩耍以及學習的空間，到了晚上則變成睡眠的房間，若能將兒童學習的空間設置在靠近窗戶的地方，那是最理想的，此外，如果兒童房主要是拿來當作休息和玩樂的空間使用的話，可以在窗戶旁邊放置床鋪，早上能夠曬到太陽，也可以輕鬆地進行閱讀書籍等活動，特別是如果能有採光良好的陽台，或是露台等與戶外空間連結的地方，將會更加理想。

　　另外，兒童的房間隨著其成長階段不同，變化也會相當地大。依照兒童的成長過程，除了在體型上會有劇烈改變以外，在生活時間和活動等部分也都會產生許多不同的變化，因此為了因應這些變數，在設計時必須以可變式的空間來處理。性別不同的子女必須要在房間的空間上有所區分；而如果是同性別的子女共同使用一間房間，最好能夠透過功能性的方式去規劃區分出各自的領域。當子女已經成長為國高中生時，由於子女的個人行動會逐漸增加，因此他們的房間最好盡量設置在家人常常可以看到的地方會比較好。

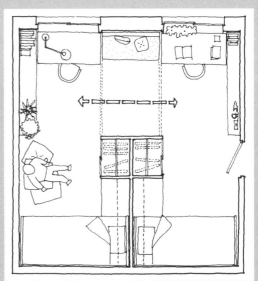

▶將兒童房區分為兩個空間的家具配置範例，雖然學習的空間互相連結，但是就寢的空間卻是互相分離的。

part 2.
design tips

空間構成要素 tips

09. **空間構成要素和特徵**

　　建築可以說是一種「具有多樣可能性的容器」，比起建築的外觀形式，建築的空間對該建築來說更為重要。建築的內部空間雖然看起來是空的，但是實際上卻是可以讓人們在其中從事各種活動的地方，因此在空間的利用上，必須以適當的型態給予適當的功能性才行，如果把一個家的內部裝潢得很華麗，但是卻讓居住在其中的人感到很不安的話，那麼這個家就不能稱為好的家，同時也不能稱之為好的空間了。為了創造出良好的空間，對於空間構成要素的處理方式，如地板、牆壁、天花板、柱子、開口部等，都必須事先經過縝密地規劃。

▲在地板、牆壁、天花板、開口部等地方給予些微的變化，可以為室內氛圍帶來不同的表現。

地板 floor

　　地板是讓人們可以站在其上面活動，並且支撐著其他家具的構造，因此在製作地板時，要讓地板是一個平穩的構造，基本上必須要維持水平面，平整的地板除了是讓人們安全地進行各種活動的基準面以外，為了小孩和年長者的安全，也必須要特別注意。不過，也可以利用地板的高低差設計出區分空間領域的效果，創造出具有變化感的空間，如果將地板架高或是往下挖出某個高度，在視覺和動線的表現層面上，會產生延伸或是切斷的效果，而在心理層面上，透過地板的高低差也可以感受到提升感或是包圍感。此外，根據高低的落差度，也會誘導人們進行坐下或是依靠等新動作，也可以利用地板的高低差來製作收納空間。除了地板高低差的變化方式以外，透過地板選用的材料質感、顏色、款式等設計，也能替空間營造出不同的氣氛。

壁面 wall

　　壁面是分隔內部和外部、區分空間和空間的垂直要素，同時也是支撐著天花板和地板的構造裝置。外牆可以阻擋熱、風、噪音等的傳遞，同時也可阻擋他人侵入和切隔他人的視線，以保護居住者的安全；內牆則扮演著區分空間或是連接的角色，可設定空間之間的連貫性，以及讓人產生視線和動線的流動。根據壁面的高度或是開口部的差異，空間在視覺上或是心理上都會產生不同的效果，由於壁面是在空間內占有最多位置，在視覺上會是最先被感受到的要素，因此在進行設計時，對此部分需特別留意，可以根據壁面材質的特性選擇透明、不透明，或是半透明的方式來處理，以營造出不同的空間感。

　　與壁面不同，柱子則是會讓空間產生分岔斷裂的感覺，因此視覺性

▲壁面呈現傾斜，利用天花板的高低差營造出特殊效果。　▲在讓人感到安穩的壁面上放置小飾品和畫框，點綴出該空間的重點。

　　的開放感和認知性非常高，當在一個空間裡放置一個柱子時，會強調出象徵性的個性，而在一個空間裡放入兩個柱子時，會讓人覺得好像有一道大門，如果是放置三個以上的柱子時，則會產生列柱的性質，同時也會具有方向性和區劃空間的效果，若是以柱子和柱子來環繞空間的話，那麼則會創造出該場所的特殊性。

天花板 ceiling

　　由於天花板是手無法觸碰到的地方，因此比較能夠以自由的型態來創意設計，但是根據不同的型態或是不同的照明方式特性，室內空間的氛圍也會有相當大的改變。以天花板的型態而言，可分為水平、傾斜、半球型、弧線型，以及井字型，另外也有將一部分天花板或是上層地面打通，呈現出開放感的天花板，這種設計方式能夠輕易地讓居住者在心

▲傾斜的天花板以及高側窗。

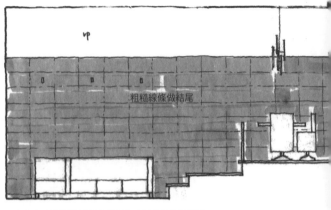

▲在客廳空間的地板部分給予高度變化的立面素描。

理上產生特殊的感覺；當把天花板設置得比較高時，室內空間會具有開放性，讓人有較輕快的感覺，相反地如果將天花板設定得比較低時，則會讓人產生親近感和安全感。

　　為了營造出特別的氛圍，有時可以利用天花板的高度來做出極端效果。例如在如閣樓般的矮天花板空間中，雖然會讓人感到不方便、閉鎖的感覺，但是意外地也會讓人產生某種親近、隱密的感覺；相反地，如果天花板的高度太高，反而會帶來冷颼颼和冷清的感受，在心理上也會帶來不安感，因此高聳的天花板通常被用來設置在人來人往的大廳中，以營造出壯闊和隱約的緊張感效果。

10. 窗戶和自然採光

　　在住宅空間中，窗戶所具有的意義和扮演的角色是最多樣化的。以環境層面來看，它可以引進自然採光，也具有換氣通風的功用；而以視覺層面來看時，窗戶可以依設計上的動機來活用，在一個廣大的壁面上要設置多大尺寸的窗，窗戶要選用什麼型態等，這些選擇除了會影響到建築的裝潢特徵以外，也決定著整體空間的氛圍；窗戶的另外一個重要功能是「照明」，其位置和型態會讓生活在內部的居住者產生各種視覺性的效果，基本上我們會在以站著或是坐著的姿勢為基準，設置可以看

▲安藤忠雄的小篠邸（Koshino House），在使用外露的混凝土和木料建材中，利用前方的窗和天花板引進自然採光，讓光線效果發揮出最極致的功效。

到外部景觀的窗戶，但是為了發揮照明的效果，請不要總是設置同一種大小、或是同一型態的窗戶，試著多考慮居住者多樣的視覺觀點來進行窗戶的配置，才是最優秀的設計方式。

光和空間的關係

隨著時間的改變，透過窗戶照射進來的光線也會有所變化，讓空間的表情變得豐富、具有生動感。自然採光根據時間的改變，光線量和照射方向都會不停地產生變化，因此人們感知到的空間個性也會時時刻刻有所不同，閃爍的自然光令人感受到力學的能量，而柔和的光則會讓我們感受到平穩的氛圍。以功能層面來看，自然採光可以減少人工照明的使用，進而節約能源，同時也能讓居住者處於最舒適安穩的環境之中，但是由於白天、夜晚以及季節的差異，自然光的採光量都不固定的關

▲在住宅設計中，決定引進自然採光的窗戶大小和型態是非常重要的環節。

▲根據情況不同，窗戶的大小和位置，以及型態和高度等都必須有所變化，才能讓居住者感受到舒適的空間。

係，還是必須要考慮以人造照明來進行輔助和補強。

　　無條件地接受自然採光也不完全是一件好的事情，雖然能夠善用自然條件很好，但是如果錯誤使用，反而會產生許多問題，因此在進行設計時，一定要先考慮到自然採光的光線量不固定，以及光線變化等條件。從白天到晚上，或是每一個季節的光線強度和顏色、入射角度都會有所不同，因此在進行窗戶的配置時，必須仔細考量使用內部空間的人或是放置在內部的物品與光線之間的相關性，此外，根據光線導入的方式不同，室內空間的個性也會有各種變化，因此在設計窗戶的放置位置、個數、型態，以及處理方式上，都要慎重地多方衡量。

窗戶的位置和型態

　　根據窗戶的放置位置，可以分為側窗、高窗，以及天窗等，不同型態的窗戶，自然採光和照明的效果也會有所不同。以生活在其中的居住

▲以各種型態的窗組合而成的住宅立面

者心理層面來看，雖然側窗可以引進的採光量比天窗少，照度分布也比較不均勻，但是會產生明顯的陰影，可以讓居住者在內心獲得安定感，不過就算是側窗，其型態還是能再細分為小窗、垂直窗、水平窗，以及落地窗等，在進行設計時需要一併納入考慮。天窗的採光效果最好，在空間上具有提升的運動感，能夠讓人在心理層面上感受到強烈的印象和存在感，天窗的型態可以選用扇形、圓形，以及格子型等。另外，高側窗是將窗戶設置在比人的身高還要高的地方，並且以側窗的形式引進光線，透過這個方式創造出具有動感的空間，並且引進柔和的光線，打造出整體安定舒適的感覺。

景觀

　　景觀 vista 的設定問題，是在企劃建築的型態或是內部空間構造時，更進一步地以居住者的生活為出發點去進行設計，從住宅空間的各個位置觀看戶外環境時，為了能夠滿足觀者視覺上的感受，開口部的位置和大小就是一個非常重要的關鍵。至於景觀的部分，在靠近開放的空間能夠看見建築內部的庭院或中庭，遠眺則可以看見都市環境以及自然環境美景；或是為了在某個點營造出特殊景觀，再另外設定窗戶的位置或是大小。

日照調節

　　東邊的窗在早晨會射入陽光，西邊的窗到了傍晚會以低角度射入光線，而南邊的窗在白天時會接收到許多太陽光，若是完全接收直射光線的話，在夏天會非常炎熱，因此建議在窗戶上裝設可調節陽光接收量的裝置，一般採用的方法有設置百葉窗 blind 、遮光物 shade 、窗簾 curtain 、捲

▲傳統住宅的屋簷就具有相當優秀的調節日照功能，夏季時可以阻擋炎熱的直射光線，但是到了冬季時，就可以讓低角度的光線進入到室內。

簾 rool screen 等，另外也可以選用玻璃本身就具有隔絕陽光效果的coating glass或是etching glass，但具體的解決方案則是以窗戶為基準，在外部貼上水平的遮陽裝置（horizontal louver）或是在窗戶兩邊設置垂直的遮陽裝置（verticality louver），也可以將這兩種形式混合，安裝格子型的遮陽裝置 louver。此外，低樓層的建築能夠透過種植植物來達到隔絕日照的效果，特別是落葉樹種，在夏天會長出許多茂盛的葉子，陰影比較多，而冬天時由於葉子掉落，太陽光線也可以照射到屋裡。

11. 樓梯的型態和意義

　　以功能層面來看，樓梯並不是單純只是扮演垂直通路的角色而已，在上下樓梯時，我們可以透過窗戶觀看到戶外的風光，也可以感受到一束束灑落下來的光線，此外，樓梯也扮演著連接公共領域和私人領域的轉移空間角色，有時人們也可以坐在樓梯上靜靜地閱讀書籍或是聆聽音樂。根據我們對於樓梯的不同定義，樓梯的型態也可以有許多不同的變化，將其寬度和幅度設計成與基本尺寸不一樣的樓梯，例如在樓梯上端可裝設頂燈，或是設置螺旋型的樓梯，可以讓人聯想到是要前往溫暖的空間，另外也能夠與自然採光或是人造照明要素做結合，打造出象徵性

▲打造粗獷質感的樓梯。

▲透過設置窗戶的方式，也可以讓樓梯間變成具有意義的地方。

▲具有獨特型態的樓梯欄杆，從上方會灑落隱約的自然光。

強烈的空間，甚至還可以當作是畫室、書房、室內庭院的擴大空間來使用，使樓梯的空間進化成具有概念性的空間。請多試著去想像樓梯可能擁有的無限意義吧！

樓梯的基本尺寸

　　樓梯是垂直連接地板的一種裝置，為了要進行垂直的移動，需要考慮到的事項會比水平移動的空間來得多，由於是需要上下移動的關係，因此在進行製作時，必須盡可能讓人們能夠安穩地走動，同時注意防止滑倒、受傷的情況發生，樓梯的每一個高度和幅度、樓梯的寬度和平面、欄杆和防滑方式，都必須要一併考慮在內。

　　一般住宅空間的樓梯傾斜度大約在30～35度之間是不會有問題，雖然根據建築法規（台灣：建築技術規則）規定，樓梯的寬度必須設定為75cm以上，但是一般都會設定在更寬敞的90～140cm之間。如果樓層之間的樓梯高度超過3m，那麼一定要在中間設置一個可以停頓休息的「樓梯平台」，樓梯平台的大小須為梯板的４～６倍，其寬度和長度則必須在75cm以上，但高度大約以17cm上下，寬度大約24cm較為恰當。

　　例如當樓層高度為3m時，樓梯的每一階高度掌握在20cm左右（實際上是以16～17cm為最方便上下樓的高度，但是在這裡為了計算方便，以20cm來進行計算），那麼需要15階的樓梯，如果一階的腳踏寬度以30cm來計算，樓梯的總長度則需要4.5m，而樓梯平台的部分也必須再增加長度。如果是選用Ｕ字形的樓梯時，樓梯整體的長度雖然會減少1/2，但相反地樓梯的整體寬度會增加２倍，當然在這種Ｕ字形樓梯中

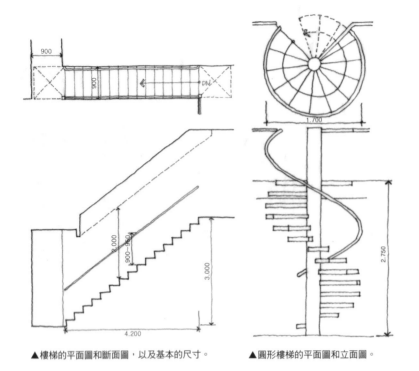

▲樓梯的平面圖和斷面圖，以及基本的尺寸。　　　　▲圓形樓梯的平面圖和立面圖。

也同樣必須要設置有樓梯平台，並且一併套用上整體樓梯長度和寬度的計算方式。

樓梯的型態

　　樓梯的型態有直通樓梯、旋轉樓梯、U字形／L字形樓梯、螺旋樓梯、圓形樓梯等基本型態，如果在功能上執行無礙的話，就可以選擇符合空間功能和特性的各種型態，「旋轉樓梯」是指在樓梯中沒有設置樓梯平台，而是讓階梯連續排列的樓梯，雖然這種樓梯是最節省空間面積的型式，但是由於沒有休息平台，因此相較之下會比較危險和不方便。圓形樓梯也可以算是旋轉樓梯的一種，它在使用上較為不方便，由於空間是往內縮的關係，因此在行走上也可能會有安全問題，但是如果是必

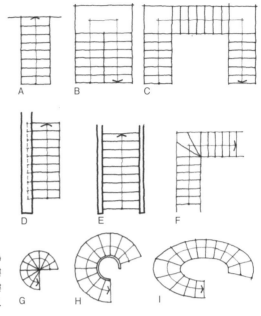

▶各式各樣的樓梯型態
（A.直線樓梯 B.U字形樓梯 C.空間較為
寬廣的U字形樓梯 D.一邊貼著牆面的樓
梯 E.兩邊由壁面支撐的樓梯 F.L字形樓
梯 G.圓形樓梯 H.內徑較寬的圓形樓梯 I.
橢圓形樓梯）

須在一個狹窄的空間裡設置樓梯的話，就可以選擇這種類型的樓梯，另
外如想要營造出住宅空間的特徵時，也可以嘗試選用這種型式的樓梯來
變化設計。

錯誤的樓梯設計

　　在製作圖面時，學生們或設計新手最頻繁犯下的錯誤之一就是樓梯
的繪畫表現方式。樓梯是為了要克服垂直高度差異所設計的裝置，因此
樓梯的階梯數必須要有足夠的設定來分配其高度差，但是許多學生們常
常會利用五或六階的樓梯就想要來克服一個樓層的高度，這代表著學生
們對於樓梯的理解度還不夠深刻。這種在實際上不可施行的樓梯，為了
避免犯下上述的錯誤，在繪製樓梯的位置或是型態之前，必須先對樓梯

▲根據情況的不同，可以採用與一般不同獨特型態的樓梯，雖然階梯的高度非常高，上下可能會有點辛苦，但是卻可以成為有趣的設計要素，是可以多加活用的。

▲活用樓梯下面空間的範例。

進行概略的計算，估算出樓梯的階梯數和樓梯的整體長度。與實際的樓層高對比時，如果樓梯的階梯數不足，那麼繪製出來的設計圖就只是不實用的圖畫而已，在現實空間中是無法製作出來的。

此外，設計樓梯時還有一個常犯的錯誤，那就是設計出實際上人們無法在其中移動的樓梯。樓梯是為了移動而裝設的裝置，是能夠輕鬆便利地連接上下樓層的空間，但是當想要利用樓梯從下樓層前往上樓層時，我們常常會看到在設計圖中前方緊接著牆壁的樓梯，或是在繪製 U 字形樓梯時，中間沒有設置供人迴轉的樓梯平台等，在繪製樓梯時，必須要聯想到人的身體動作，除了要讓人體的行動毫無負擔以外，也需要

考慮到使用者的心理層面，盡可能打造出一個讓使用者在使用時能夠有好心情的空間。

斜坡

在克服樓層的高低差部分，有時設計師也會選擇使用斜坡 ramp 來代替樓梯，但是採用斜坡方式來進行設計時，會比樓梯花費更多的空間，因此絕不能忽視空間的問題。所謂的斜坡，如同字面意義所示，比起需要一步一步往上爬的樓梯，是以非常輕緩的傾斜角度所形成的垂直移動裝置。建築法規定斜坡的傾斜度上限為1：8，但是考慮到使用輪椅的身障人士等，為了讓他們能夠更輕鬆便利地使用斜坡，最好是將斜坡的傾斜度設定在1：12以下，意即為了要克服1m的垂直高度落差，必須要使用12m的水平長度來對應；若是要克服3m的樓層高度，則必須要有36m的長度，另外還必須再加上可供迴轉移動的平台，整體長度將會更長。

採用斜坡的代表性住宅設計有勒‧柯比意的薩伏瓦別墅（Villa Savoye），柯比意將斜坡放置在貫通住宅中心的通道上，他沒有區分上下樓層，而是透過斜坡讓空間自然地連結起來，使在斜坡的移動變得很自然，因此也不需要擔心會像樓梯一樣發生踩空的問題，此外，在移動時也能放心地欣賞周遭的空間和環境，因此若是為了表現出上述的斜坡功能和空間優點，那麼就必須要接受某種程度上的空間損耗。

12. 戶外規劃 outdoor

　　住宅空間的設計中，不能忽略的部分還有戶外空間的規劃。住宅的戶外空間包含院子、庭園、中庭，以及後院等，這些對居住者來說都是最接近日常生活的造景圈，也是進行各種戶外活動的領域，因此，外部空間的規劃除了要與建築整體的配置體系有連貫性、維持同一主軸，同時必須考慮到基地地形以及內部空間的關係、與周遭環境的關係，以及與車輛和步行者的動線等，綜合各種條件來做規劃，因此戶外規劃並不只是對於建築物所剩的基地加以利用而已，而是在規劃的初期就必須一併設立好明確的概念。

◀住宅空間設計中不可遺漏的戶外空間設計。

通道

所謂的通道 approach 如同其字面意義，具有「導入」的意思，是指連接住宅內外，從大門到玄關之間的連接通路，也就是指從道路或是街道等社會性的領域，進入到私人領域的媒介連結空間。這裡可以讓回家的人在心理上感受到安適的感覺，同時也是讓來訪的客人整頓儀態的地方，並且讓外部人不容易立刻就進入到私人領域裡來。因此當基地有足夠的空間時，建議最好設置一個通道，在行走於長長的通道的過程中，欣賞院子和庭園的景觀，透過景色的變化，也能讓人們的心理層面感受到淨化之效。

打開大門時，如果正面可以馬上看到玄關的話，很可能會出現隱私問題，並且在防止外人侵入上也會產生問題，因此在設計規劃時希望大家能夠特別注意這點；但是如果把玄關的位置彎彎曲曲地規劃在一個不明確的地方，或是需要繞好幾個彎才能到達的動線上，也不是一個好方法。在設置通道時，也需要留意其與內部空間的關係，不能讓個人隱私受到威脅或侵害，除了不能讓主臥室和化妝室等私人領域露出在通道上以外，像是客廳等公共空間如果太明顯地暴露在外時，居住者的內心安定感也會大幅地下降。

另外還需要參考的一點是，通道的寬度至少要在90cm以上，一般設定為1.8m左右比較恰當，而使用的建材可以選擇壁石類、天然石、草皮、木材，或是水泥磚等。

▲戶外空間是連接室內外的空間，因此也是必須經過精心設計規劃的部分。

▶與內部空間連結的陽台和自然環境。

活用庭院

　　在過去的韓式傳統住宅空間規劃中，各棟房舍（主房、舍廊房、行廊房）的配置，通常都會與大大小小的庭院空間（內院、舍廊庭院、行廊庭院）互相搭配，以達到內部與外部互相連結的狀態。而這些庭院主要是作為造景之用，同時也設置有放醬缸的平台，由於擁有開放性空間，因此每個房間的自然採光和換氣功能都非常良好。此外，在寬大的庭院中還可以曬辣椒等食材，或是舉行各種祭禮，庭院也因此成為韓國人日常生活的中心。如果能活用住宅內的庭院空間，除了在視覺和功能上能夠發揮很大的功效，在環境上也會有許多有便利的優點產生。

　　就算是在韓國的現代住宅中，也常常可以看到將院子的一部分拿來當作洗滌衣物或是醃製泡菜等行為的空間 service yard，如果能在院子裡設置草皮、造景或是池塘等裝飾，在視覺和精神層面上，也可以讓生活變得更加悠哉舒適。近年以東方傳統住宅的配置方式為基礎，將空間切

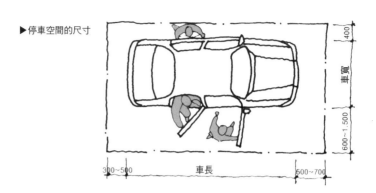

▶停車空間的尺寸

割、組合內部空間與小庭院的設計案例越來越多了，另外也可以看到在住宅內部加入中庭的設置，讓每個房間都能夠接觸到自然空間，活用環境優點的案例。

停車空間

住宅內的停車空間必須要設置在與外部道路立即連接的地方，但是卻又不能影響到院子或是庭院等外部環境，同時也不能因為設置停車場而遮蔽到住宅空間外部的景觀。停車場的型式有直接利用院子的一部分作為停車空間，也有另外建蓋車庫來使用的型式，如果是另外建造車庫的情況，建議可以活用傾斜的地形，或是以打樁（piling）的型式來確保停車空間。

另外，停車場的一般大小為2.3×5m，如果是在住宅內設置停車空間，使用空間可以比這個尺寸再小一點，車庫的大小雖然會根據車種不同而有所差異，但是仍然要保留比汽車寬度和長度多1.2m左右的空間會比較便於使用，與側壁至少要相距30cm以上，上下車的一方建議至少要保留有70cm以上的空間。

part 2.
design tips

室內裝潢搭配美學 tips

13. 建材的特性和規劃

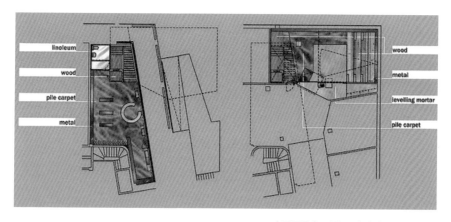

▲在平面圖中一併標示上建材的呈現方法。

　　建材的種類非常多樣，對於剛開始接觸設計的人來說，要完全了解市面上所有的建材種類是不可能的，但是至少必須對於各個空間所選用的主要建材要有基本的概念，了解各種建材的特性和質感，同時也要熟知不同的材料與材料互相搭配時，會營造出哪一種氣氛效果。當設計的能力還尚未熟練時，可以看到許多設計師選用漂亮且高級的建材，但是卻無法將其整合起來，我們在進行設計時，必須要挑選符合空間性質的建材，並且在需要強調的部分點出重點即可。

建材的質感和搭配

　　每一種建材都擁有各自獨特的質感，以木材和石材為例，每一種材料都透過它們自己擁有的外形和紋路表現出自然的味道；而地毯 carpet 或是布料 fabric 等，由於它們在觸感上會給人很強烈的感覺，因此適用於營造出溫暖的氛圍；另外光滑的玻璃或是磁磚類建材，通常使用在欲打造出洗鍊簡潔的氛圍時。近幾年來人們偏好直接讓建材的單純紋路顯露在外，例如會採用粗獷的原石或是原木、不受氣候影響的鋼板（又稱耐候抗腐蝕鋼材COR-TEN）、外露混凝土等，直接當作建材來使用。

　　除了挑選建材以外，將各種建材組合起來以營造出特殊的空間氛圍，也是在設計時需多加思考的，雖然可以挑選類似質感的材料來搭配，但是如果偶爾能利用對比的質感材料來嘗試搭配的話，可能會呈現出更具有效果的氛圍。不管是使用粗糙質感的材料與柔和質感的材料做搭配、利用不透明的材料和透明的材料做混搭，或是在無光澤面的材料旁邊設置反射面材料等，各式各樣的搭配形式都可以納入考慮的，而設計者的眼光和美感就會決定這些材料的選擇和搭配 coordination 是否得宜。因此如果想要提升作品的完成度，對於建材的性質必須要有基礎的理解，透過對建材的了解，再進而判斷建材搭配後的整體意象，才能夠一點一滴地累積使用建材的能力。

壁面的作業

　　壁面是室內空間構成要素中占據最多面積的一個部分，在視覺上也是最容易讓人注意到的地方，因此在決定施作的型式時必須要特別小心。目前最普遍、最一般採用的建材是壁紙和油漆，另外也可以在重點

的壁面上加入織布或是壁貼類素材；想要營造出高級的氣氛時，則選用大理石或是木材、壁石等，不管是選用哪一種建材，務必讓建材質感的優點發揮出來，進而營造出各具個性的創意空間。

　　關於壁紙的部分，現在市面上可以看到各式各樣的顏色，以及各種不同形式的壁紙，挑選壁紙時可以透過壁紙業者的網站來搜尋種類，或是透過實物目錄直接挑選，確認顏色、類型和質感。請注意，就算事先確認過目錄中的樣品，但是當其建材套用在空間整體壁面上時，感受上也可能會有些許的差異，在進行作業之前必須多加留意，另外，在決定主壁紙之後，在與點綴壁紙或是其他建材做搭配的部份，也需要事先思考顏色和形式在搭配上是否融洽。

▲客廳空間的建材使用範例

▲廚房──餐廳空間的建材使用範例

另一方面，如果是採用油漆來進行作業的話，在施工方面是非常容易，可選擇的顏色也非常多，但是隨著時間的流逝，油漆可能會產生斑駁或是變色的情況，這時如果要再次進行施工的話，將很難找到與原本壁面相同的顏色，因此也是必須要在事前納入考慮的項目。

地板的施作

由於地板的面積比較寬大，再加上施工一次後就可以使用很久，因此地板的施作非常重要，地板的建材過去主要是使用PVC板（聚氯乙烯地板材），但是最近由於出現了許多耐磨木地板或是大理石等高級建材，因此在新式建築中，大都偏好使用這類的建材，而在利用單一建材鋪設好整個地板後，也可以再利用地毯或是蓋毯 rug 等來營造出溫暖的氣氛。

在石材的部分，顏色和形式也非常多樣化，除了表現出石材的光澤以外，在打造出安定感氛圍上也非常有效果，特別是大理石，如果將其鋪設在寬闊的客廳裡，可以營造出簡潔又洗練的感覺，但是在視覺上或是功能上，因為石材具有冷調性質的關係，較容易呈現出冷清或空蕩蕩的氛圍。因此為了補強這個問題，可以在某一些小部分利用木材或是織布等材料來做搭配活用。木材擁有各式各樣的紋路，再加上顏色的關係，因此容易給人溫暖和自然的感受，實際踩踏在上面時，觸感也會比石材來得柔軟溫和，因此拿來當作室內的地板建材是最為恰當的，但是根據溫度和濕度的條件不同，有可能會發生彎曲變形的情況，也容易被刮傷敲損，因此在保養上是比較困難的，不過最近為了改善這些問題，在材料以及施工方式上都有許多改善。

地毯是採取立式生活方式的西歐社會主要使用的素材，但是在坐式

生活的空間裡，也可以在部分的領域中搭配使用，地毯的質感在視覺和感覺上都比較溫暖並給人安定感，同時地毯也具有可以吸收聲音或是回音的特性。

天花板的作業

根據天花板的型態或是高低變化，室內的空間因而被賦予領域性，營造出特殊的氛圍。一般在平式天花板上，大多採用貼壁紙或是油漆的方式來施作，但是近幾年來人們也開始會在天花板上加入許多設計元素，例如井字天花板的間接照明設計，在現代的室內裝潢中已經很普遍了，而為了更強調天花板的存在感，也可以選用更多建材和照明裝置來做變化。例如嘗試將整體的天花板以木材來製作、在天花板的一部分中加入金屬結構，或是利用透光 barrisol 和鏡射 mirrorsol 等寬幅的照明裝置來裝飾天花板面。如果將天花板整體處理為傾斜形式，天花板的整體設計就會更為突出，垂直的上升感也會更加強烈。

◀將選擇的材料全部堆放在一起，以確認整體的統一感。

▲各種建材種類 ① 木材 ② 石材 ③ 金屬材 ④ 玻璃材 ⑤ 塑膠類 ⑥ 織布類

14. 色彩的特性和規劃

　　在空間內組合顏色是一件非常複雜且不容易的事情，藉由使用的顏色，也可以打造出安定、舒適的氛圍，利用不同的顏色搭配方式，偶爾在空間裡給予刺激的效果作點綴。而有關色彩的感覺會根據每個人的經驗和感性的反應有所不同，因此除了要根據特定的原則來進行搭配以外，更重要的是要符合居住者的生活方式和偏好，在空間裡反映出居住者喜愛的顏色，以及在設計概念上想要強調的內容。

◀從建材到家具、照明、物品、窗簾等，都必須要考慮到其中顏色的統一感。

▶使用黑色、白色和紅色等重
點色來設計的範例

基本的用色規劃

　　用色是決定室內空間氛圍的一個重要視覺性手段，對居住者的心理
狀態也會產生非常大的影響，根據採用的顏色之不同，除了空間的溫度
感以外，對於立體感、比例感、重量感等也都會有各種感受，例如紅
色、橘色和黃色屬於「暖色 warm color」，會給人溫暖的感覺；但相反地
藍色和綠色系的顏色則是屬於「冷色 cool color」，因此容易給人冰冷的感
覺；而白色和灰色等無彩色系的顏色，則會根據與哪一種顏色做搭配，
在整體顏色上也會隨之變得溫暖或是冰冷。另外，主調色扮演著營造出
整體空間氛圍的角色，輔助色的功能是與主調色一起賦予空間個性，而
強調色則是扮演用來點出空間的重點，賦予空間變化和活力的關鍵。

　　顏色會根據照明、建材質感、周遭顏色、面積的不同，散發出來的
感覺也會有所差異，同時也會因為門、窗簾、家具、裝飾品等要素而受
到影響，因此必須要考慮到各種層面，才能設定出一個完整的配色計

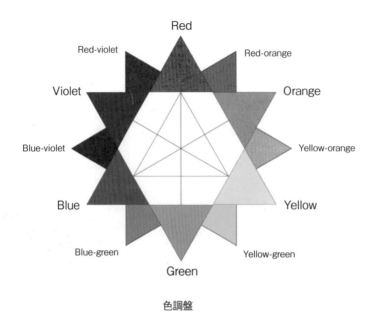

色調盤

畫，由於建材也都各自擁有自己的顏色，因此必須要考慮到材料之間的顏色組合是否恰當，而各式各樣顏色和類型的壁紙、織布、壁貼，以及油漆等材料，也必須要站在相互之間的組合觀點上來選擇搭配。

各種顏色的印象

- White：白色是最基本的顏色，除了能展現出明亮感以外，還可以呈現出柔和的浪漫氛圍，但若是使用過於大量的白色時，會讓整體看起來太過冰冷，因此在某些情境時需要與其他顏色做搭配。在白色中加入些許灰色或是米黃色做搭配，將會呈現出安定的感覺，同時在與其他顏色的搭配上也會更加容易進行。

- Beige：米色是一般大眾能夠輕鬆無負擔地接受的顏色，同時也不會因為灰塵的掉落而容易看起來變髒，是非常實用的顏色。另外米黃色

▲壁面漆上粉紅色油漆，路易斯‧巴拉岡　　　　　　▲壁面挑選白色來收尾的Baeza House
（Luis Barragan）的Galvez House

也不容易讓人的眼睛感到疲勞，在心理層面上能夠給人安穩的感覺，透過這種顏色的柔和感，讓人放鬆心情，因此一般運用在寢室或是客廳等空間中，當作主色調使用。

- Brown：棕色是一種沉穩且溫暖的顏色，會讓人感到舒適，雖然它可以用來營造出高級的氣氛，但是如果使用不當的話，可能會顯得老氣，因此如果能與橘色或是黃色等暖色系的明亮色地毯、窗簾、椅子搭配設計的話會更出色。

- Yellow：黃色是活潑且樂觀的顏色，有時也會給人閃亮華麗的感覺，因此如果能巧妙地活用的話，可以讓空間的氣氛更為明亮，另外就算是相同色系的黃色，與藍色或是與紅色搭配也會出現不同的氛圍。注意如果使用在大範圍面積上時，容易讓人感到無趣、陳腐，因此需要運用各種色調來給予顏色變化。

- **Green**：綠色是可以讓人消除緊張，讓心情感到平穩的顏色，而明亮冷調的綠色、黃綠色，以及橄欖綠等給人的感覺也不同。綠色很適合與朱黃色或是紅色、藍色等顏色做搭配。但是會對廚房或是餐廳的食物顏色產生較負面的影響，因此最好不要常使用在這些地方。

- **Pink**：粉紅色會給人平穩浪漫的感覺，是一個非常女性化的顏色，同時也可以呈現出柔軟、溫暖以及優雅的感覺，適合用在小孩房、化妝室、浴室，以及玄關等較為狹窄的空間，較不適合廣泛地使用在大範圍的面積上。

- **Red**：紅色是很容易讓人感知的顏色，因此如果當作強調色使用在小面積上時，可以充分地表現視覺性效果。在住宅空間的餐廳裡使用部分的紅色來作點綴的話，也可以促進食慾，但是彩度高的紅色並不適合用在大範圍的面積上。

- **Orange**：橘色可以讓人感受到活力充沛的好心情，也是一種大膽的顏色，當彩度高時，會讓人感受到一股非現實的感覺，同時也會有一種自由奔放的感覺；相反地如果以彩度低的橘色使用在大範圍面積上時，則可以當作柔和的背景色使用，另外也很適合與正反對比色（灰色系）或是同色系（黃色、紅色等）一起搭配使用。

- **Blue**：藍色是可以刺激理性活動的顏色，幫助思考和冥想，雖然是冷靜、潔淨的顏色，但是由於它具有讓房間看起來較狹小的特性，因此不適合使用在位於北方的房間或是空間較小的房間，比起深且厚重的藍色，明亮的藍色會更適合住居空間。

- **Violet**：紫色具有溫暖又冰冷、富活動性卻沉穩的雙重性質，給人纖細、感性的感覺，因此在想要表達藝術特性時，是常被選擇的主要顏色。在大量使用時，最好選擇明度較低的紫朱色會比較恰當。

色彩的搭配

在組合室內用色時，首先要先決定地板、牆壁，以及天花板等大範圍面積的色調，然後再進行細部的配色，為了呈現出空間氣氛的統一感和協調度，之後的用色必須要根據已訂定的色調

▲活用樣品色來決定建材的使用顏色。

去進行挑選才對，雖然在室內一般大多採用無彩色系的淡色，但是最近有越來越多人喜歡使用具有個性的色系來搭配。依屋主或設計者決定是要使用鄰近色搭配法，亦或是無彩色搭配法、原色搭配法、補色搭配法等鮮明的個性色進行配置，都能夠有效營造出具有個性氛圍的空間。

但是要注意，最好不要讓每一個地方都充滿著獨特個性的氛圍，對於設計新手來說，一開始也許希望能大膽地使用各種顏色搭配，但是這樣很容易會讓整體看起來不協調，如果在色彩搭配上遇到困難時，最簡單的基本技巧就是使用同一個屬性進行變化，例如將顏色和明度統一，透過變化彩度來進行配色，具有代表性的用色搭配方法有單色調monotone、同一色系、類似色系，以及對比色系的搭配等。

15. **照明的特性和規劃**

　　人工照明與自然採光不同，由於人工照明可以有效地調節光線，因此可以根據設計師的用意去營造出多樣化的氛圍空間，特別是住宅空間，這是我們會長時間停留生活的場所，因此建議盡可能要讓所有事物的顏色看起來像是在自然光下的樣子會比較好，由於日光燈的光與自然採光的光幾乎沒有色差，因此在住宅空間中常被拿來當作主要照明用光源使用，但是如果想要讓特定的事物或是空間看起來柔和美麗的話，適

◀利用自然採光的擴散光源以及人工照明的局部照明來營造氣氛，打造出舒適和放鬆的寢室空間。

當地在某些部分使用與自然光不同的光源也可以增加生活的情趣，另外照明的使用還需要根據房間的大小、形狀和功能來選擇，人們常常會認為只要將一個照明工具裝設在天花板上就可以了，但是如果能夠在確定室內明亮度後，再利用局部照明點綴出特定的部分，那麼將可以營造出不一樣的氛圍，為了營造出幽靜的室內氣氛，照明的配置方式扮演著相當關鍵的角色。

照明燈具的種類

在住宅空間中主要使用的照明燈具大致可分為天花板附著型（直付燈）、在牆上托架型 bracket（壁掛燈）、掛在天花板上的吊燈型 pendan、立在地板上的直立型 stand 等，天花板附著型的照明光線擴散的範圍很寬，因此通常會拿來當作主要照明使用，而壁掛式型和直立型則是作為兼具實用性和裝飾性的局部照明，吊燈型照明則適合裝設在餐桌或是桌子等上方為佳。

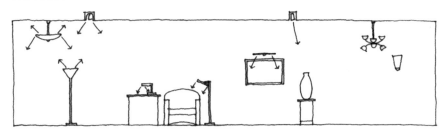

▲各式各樣的照明工具

室內照明規劃

在以休息或是睡眠為目的的寢室中，使用的照明方式必須採用不會讓眼睛感到疲勞的柔和光線，整體照明若是能夠與立燈或壁燈一起營造出特別氣氛會更優秀，特別是壁掛燈，它可以利用天花板和壁面進行反射，達到光線在空間中擴散開來的效果，同時也會讓室內的光線變得更

加柔和，通常我們都會在房間的中央設置一個天花板直付燈，但近幾年來人們大多偏好喜歡用散發出隱約光線的間接照明來營造室內的溫柔氣氛。

在廚房的部分，為了要提高料理的效率，在整體空間上主要會設置明亮的天花板燈，另外也會在料理台上額外設置輔助的燈具；而在餐桌上則可以利用電線拉製垂吊的吊燈，用餐時所使用的光線盡可能不要讓眼睛感到負擔，營造出隱約的氛圍。如能在廚房或是餐廳的某些部分採用間接照明或是聚光燈 spot light，也可以打造出更洗鍊、更高級的感覺，當坐在餐桌上時，注意不可以因光線而讓人感到頭暈目眩（或是讓眼睛睜不開）。

客廳是一個可供多樣使用的空間，在照明的方式上可選擇的範圍也很多元，基本上大都會在客廳的中央設置天花板燈，以確保客廳整體的明亮度，另外也可以在角落或是壁面等處設置壁燈、立燈、地板立燈等裝飾性強烈的燈具，如果想要強調寬闊客廳天花板的平坦感，建議利用間接照明的方式或是採用下射式嵌燈 down light 來進行投射，同時也可以嘗試透過枝形裝飾吊燈 chandelier 或是特殊的照明燈等來營造氣氛。

◀根據照明方式的不同，餐廳空間的氣氛也會有所變化。

16. 空間的協調性

1. 玄關是主導家中整體氣氛的重要空間，因此不需要的家具應該要整理收好，以確保寬闊的視線，另外可以採用具有溫暖感的奶油色、米黃色、象牙白等白色系或是黃色系，營造出明亮和情感的氛圍，比起使用多種材質來打造玄關，在這裡最好是使用簡潔單純的建材。

2. 客廳根據居住者的使用方式不同，可以用各種性質來定義，當我們在打造客廳時，必須要配合特徵來挑選用色、材料和照明，客廳是家人們聚集在一起同樂的場所，因此通常會在明亮色系的建材中使用具有氣氛的照明設計，當然燈光的質感同樣必須要配合寬度來決定。

3. 餐廳是所有家人聚集在一起用餐的空間，因此盡量要明亮輕快為佳，並且選擇具有衛生清潔功能的建材和照明，當餐廳空間狹窄時，要選用淡色或是類似色來讓空間看起來寬廣；而當空間很大時，則可以利用對比色來增加空間的活力。由於餐廳的地板很容易變髒受污，因此建議選用便於維持、保養的建材會比較輕鬆。

▶室內空間根據建材的材料、造明、用色、物品搭配方式，會散發出各種不同的氣氛。

▲在一般容易被忽視的玄關中，利用各種回收的木材製作壁面，透過美麗的照明和鞋櫃下方的間接照明等，打造出具有設計魅力的空間。

▲以適當的用色、建材，以及家具搭配出舒適客廳的範例。

4. 廚房必須要先考慮到功能性，由於廚房整體比較容易感到髒亂，建議選用比較不容易看出髒污的建材，同時這裡也是收藏最多家具和物品的地方，因此必須有效地設置足夠放置家具物品的櫥櫃。另外，如果有足夠的空間，則可以在放置有餐桌的壁面設置空間牆，使其可以收納一部分物品。

5. 廁所由於通常不會有太多餘的空間，盡可能避免選用暗色的建材，為了要營造出清潔爽快的空間感，最好選擇不容易被弄髒的建材，許多人選擇以白色系的磁磚來做設計，另外也可以考慮使用具有個性的建材來點綴出空間中整體的重點。

6. 走廊和樓梯間由於是提供人通行的地方，在地板的建材選擇上，建議選擇不容易污化的建材。另外，由於1樓到2樓的壁面通常是延續設計，因此在選擇壁面材料時，也要特別留意。在狹長的空間裡，很容易

讓空間變得陰暗沉重，因此最好採用白色系的壁面和柔和的照明方式。

7. 寢室以打造出舒適的感覺為終極目的，最好選用柔軟觸感的質材，例如壁面選擇織物壁紙（裝飾性和吸音性良好），而地板則鋪設地毯（保溫性和吸音性良好）。另外在照明部分，除了使用整體照明之外，也可以利用壁燈或立燈營造出幽靜的感覺。在設計寢室時，請務必以居住者的偏好作為最優先的考量，根據居住者的喜好，打造出明亮且具浪漫氛圍的空間，或是營造出清爽又舒適的海洋風、具有豐富色彩的夢幻風，又或是利用補色突顯出華麗的空間感。

8. 小孩房如果是給年幼的子女居住的話，就要選擇不容易髒的建材，而彩度高的顏色容易讓小孩在情緒上降低安穩感受，因此在設計小孩房時，必須一併考慮子女的成長和心理情緒層面，並且盡可能週期性地變換用色和材料，在最一開始進行設計時，即預先規劃好將來的變通性，才能有備無患。

9. 老人房的部分，為了讓年長者的身心獲得安定，選擇具有穩定感的顏色和材料是最重要的，可用米色系的米黃色來布置壁面，同時可以選用褐色系家具或是物品來進行配置。另外在家具的部分，如果能選用包含溫暖感金色系的家具，不僅可以點出部分的重點，同時也給予華麗生動的感覺。

10. 書房必須要保持明亮清爽，設置可以讓人集中精神或是專心的照明方式，同時注意不能讓眼睛容易產生疲勞感。

培養搭配的實力

　　如果想要培養搭配的實力，千萬不要侷限自己，不管是建築、室內裝潢、設計、時尚等，各種作品集或是雜誌等都要多方涉獵，必須了解最新的流行趨勢是什麼，知道什麼是時下人們最關心注目的議題，培養出感知潮流的敏銳感，透過這個過程，也可以逐漸掌握到自己所偏好的類型。除此之外，當我們在看一個東西時，要提醒自己並不要單純地只是看過去而已，還要從中試著發想出創新的點子，同時不要忘了要將這些零星的小靈感收集到自己的設計筆記本裡。

▲就算是正式的設計師，為了做出最終的設計搭配方案，也會活用各種色票本和樣品本來與客戶協調討論。

part 2.
design tips

終極表現技法 tips

17. 圖面表現的訣竅

圖面是將設計師的設計意圖正確地傳達給建築所有者或是施工者的一種手段，而在圖面裡出現的各種線條、記號和文字等，都各自代表著明確的意義，因此，我們一定要遵守圖面的表現方法和規則，必須具體地讓觀看圖面的人能夠充分了解圖面所要呈現的內容才行，如果圖面畫得不夠正確，出現曖昧不明的內容，那麼該圖面的設計便無法在現實生活中呈現出來，只是一個不著邊際的圖畫罷了。

圖面中必須要記錄的事項

為了讓圖面看起來更精準，絕對不能遺漏一些必須要記錄的事項，例如符合縮尺厚度的斷面壁體、明確表現開關方式的開口部，以及記錄明確尺寸的家具以及和建材形式等，這些都是在平面圖中相當重要的資訊。重要項目的尺寸也必須一併寫入在其中，另外高低差異的地板也要標明清楚，同時也要在圖面上記錄簡單的內容說明和建材名稱，並且明確地標示出斷面圖或是室內展開圖的位置。在繪製完圖面後，最後一個步驟切記一定要記錄下圖面的名稱和縮尺大小。

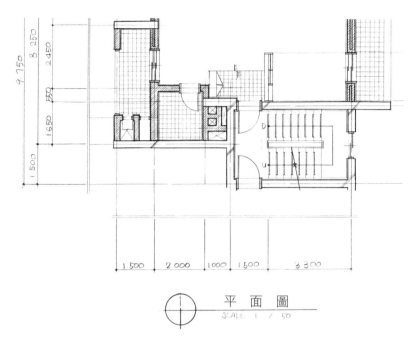

平　面　圖
SCALE 1／50

▲住宅平面圖的一部分。線的粗細有各自不同的區分，地板建材做出明確的標示，另外樓梯呈現、尺寸、圖面名稱、縮尺等也都有清楚的說明。

套用縮尺

　　縮尺 scale 即指「縮小的尺度」，也就是將想要畫的對象套用比原本物品還要小的尺度來進行繪畫。在繪製圖面時必須要套用縮尺的理由非常簡單，因為我們沒辦法在紙張上將要繪製的對象以1：1的方式繪畫出來，因此當我們要將建築物或是某個空間移到具有一定大小範圍的紙張上時，就一定要套用縮尺才行。當縮尺為1：10時，表示是將實際物體縮小為1/10來進行繪畫，而當縮尺為1：100時，就是縮小為1/100來描繪，意即在使用1：100的縮尺時，實際長度1m的距離在圖面上是以1cm來呈現，而縮尺為1：50時，實際長度為1m的距離在圖面上則是以2cm來表現。

藉由使用縮尺，我們可以根據縮尺的比例來推測出真正的長度，在縮尺中有1/100～1/600等六種常用尺度，便能加以活用來計算測量出1/10到1/60的尺寸。一般在建築設計的圖面中，最常使用1：100、1：200、1：300的縮尺；而在室內設計的圖面中，則會選擇能夠更精細表現的1：20、1：30、1：50的縮尺，因此在進行繪畫之前，請先考慮要表現的圖面內容和圖面（或是要輸出的）紙張大小後，再決定縮尺的大小。另外，切記在圖面上一定要標明縮尺的大小，如果圖面畫得非常地精細，但是卻沒有記錄縮尺的話，將無法精準地進行閱讀或是測量。

線條的粗細區分

在圖面中，線條的種類和粗細也同樣各自代表其意義，根據實線、虛線（點線）或是一點鎖線（由較長的線和較短的線組合成的線條）等不同的繪製方式，代表的意義也會有所差別。在實線中，線條又必須要區分為粗線、中線以及細線，因此線條的型態和粗細都要有明確的區分，才能夠進一步地做出正確地的解讀，在圖面中最粗的線（0.7、0.8、1.0mm）通常使用在建築外輪廓或是斷面部位上；至於中線（0.5mm）和立面線則主要使用在表現家具的

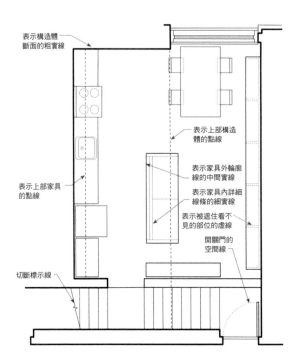

表示構造體斷面的粗實線

表示上部家具的點線

切斷標示線

表示上部構造體的點線

表示家具外輪廓線的中間實線

表示家具內詳細線條的細實線

表示被遮住看不見的部位的虛線

開關門的空間線

◀這是廚房和餐廳的平面圖，各部位的線條粗細都有明確地區分。

外輪廓線上；而細線（0.1、0.2、0.3mm）則是當作建材形式或是家具內部的細部線條來使用，此外也主要在標示尺寸時使用；虛線則是表示比平面圖的切斷面高度還要上方的構造物或是家具位置等，或是用以表現被遮住看不見的部位；最後的一點鎖線主要當作構造體的中心線來使用，不管是手繪圖面還是利用CAD系統繪製圖面，具有各種意義的線條種類和粗細，都必須要有明確的區分。

尺寸的表現

　　在平面圖中要盡可能將建築的整體尺寸和各房間大小標示清楚，在主要變化的空間中也必須加入詳細的尺寸。在企劃圖面中，太過仔細的部分是不需要標示尺寸的，而在配置圖面上，除了要標示建築物的外輪廓尺數以外，在基地中建築的間隔也必須要加以標示，另外在斷面圖中要標示各層樓的層高，而在內部空間中則須標示出主要空間的高度（天花板高度）或是產生高度差異的高度。

　　尺寸通常會與部分尺寸和整體尺寸複合標示，除此之外橫向尺寸會記載在尺寸線的上方，而直向尺寸則會標記在尺寸線的左方，沒有特別額外標示的尺寸通常是以mm為單位來計算。尺寸線的紀載通常是以構造壁體的中心線為基準，但是在室內展開圖中，並不是以牆壁體為中心線，而是以內部建材的開頭到結尾來計算距離的尺寸，這種計算方式也被稱為「內部尺寸（inside dimension）」。若是尺寸線有交叉的部分產生時，則以點來做標示，注意要明確標示是從哪裡開始、到哪裡結束。

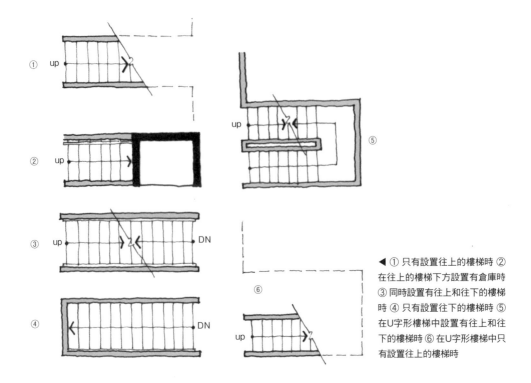

◀ ① 只有設置往上的樓梯時 ② 在往上的樓梯下方設置有倉庫時 ③ 同時設置有往上和往下的樓梯時 ④ 只有設置往下的樓梯時 ⑤ 在U字形樓梯中設置有往上和往下的樓梯時 ⑥ 在U字形樓梯中只有設置往上的樓梯時

樓梯的表現

在圖面表現中最常犯下錯誤的地方就是樓梯，如同我們在前文（part 2, 11 樓梯的型態和意義）提過的一樣，將樓梯呈現出可以實際使用的型態才是最基本的事項，在這裡進一步說明在圖面標示上需要注意的地方，必須更加注意「往上」和「往下」的正確標示方式，在呈現這個部分時，我們通常會用「up」或是「dn」來標示，透過這種簡單的標示來說明實際樓梯的型態或是上下樓層之間的立體空間連結方式，如果對於這簡單的標示法沒有足夠的理解就貿然使用，常常會發生在已經沒有可以往下的地方標示「dn」，或是在已經無法再往上的地方標示「up」的情況，另外有些學生也常常會忘記標示up & down的開始點。

另外在樓梯截斷線的部分也是學生們和設計新手容易搞混的地方，但是如果能夠理解原理的話，其實這些並不是很困難，平面圖是在距離地板的1～1.5m高度的位置，以水平切開往下看所繪製的圖面，因此樓梯也必須要在那個位置上做出切割，只要表現出從下部分的平面圖就可以了，也就是說，在該樓層要表現往上行的樓梯時，只要呈現出五六個階梯即可，但是在往下行的樓梯中，由於是切開該樓層往下看的關係，因此樓梯的整體幾乎都會被看到，所以當往上行和往下行的樓梯同時存在時，往上行的那一方雖然只要呈現出五、六個階梯就可以，但是在往下行的那一方就必須要將剩下的部分全部表現出來。總而言之，如果要畫出沒有往上行的樓梯，而只有往下行的樓梯的情況時，那麼只要將往下行的樓梯全部畫出來就可以，而往上行的樓梯只要表現出五六個階梯即可，另外如果能在五、六階樓梯外以虛線畫出往上的剩餘部分的話，也將有助於了解樓梯的型態。

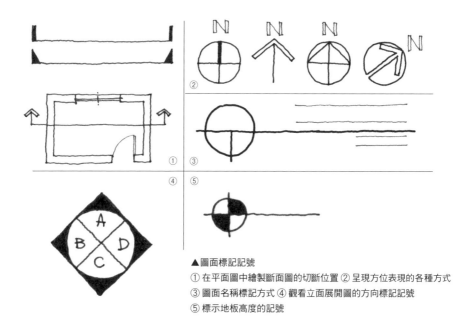

▲圖面標記記號
① 在平面圖中繪製斷面圖的切斷位置 ② 呈現方位表現的各種方式
③ 圖面名稱標記方式 ④ 觀看立面展開圖的方向標記記號
⑤ 標示地板高度的記號

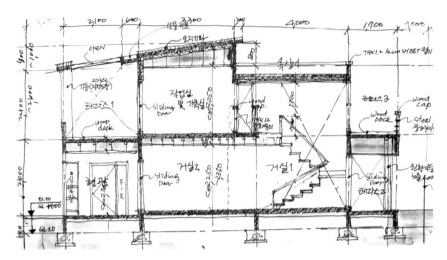

▲在實際品中，以斷面圖表現法為基準快速繪製出的斷面圖範例。

細部的表現

在1/10～1/20的大縮尺圖面或是部分詳細圖中，我們必須更仔細地去表現圖面，甚至連建材型態或是窗戶型式、欄杆或是樓梯防滑 nonslip 設施都要表現出來，而家具以及各種內部物品表現等，也都要盡可能正確地呈現出貼近實際的樣貌。在天花板圖中，不僅呈現出井字天花板或是照明工具、天花板建材型式等，各種要素之間的間隔距離也必須要標記清楚。

18. 透視圖的表現技法

　　透視圖 perspective 是指將設計的內容以立體方式呈現，是透過３次元手法來呈現的圖面，透過３次元的表現方式，可以讓客戶或第三者更輕鬆地了解設計的內容。通常設計師在想要表達出自己設計中最具有魅力的部分時，就會活用３次元的表現手法來呈現，而透視圖基本上是在確認完整體２次元的圖面後，以明確的圖法為基準來進行表現，但是在構想平面階段時，為了估算空間的樣貌，有時也會概略地以素描的方式來活用表現。

▲室內透視圖

▲外觀透視圖的SketchUp表現

▲以1點消點繪製的室內透視圖範例

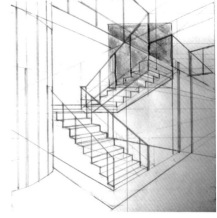

▶樓梯的部分以2點消點繪製的室內透視圖範例

尋找透視點

我們的眼睛構造隨著距離的不同會產生立體性的遠近感,當觀看的對象或是環境離我們很遠時,距離越遙遠其物體就越小,最後會消失在一點之上,物體消失的那一點就是所謂的「消點」(消失點),活用這個消點來呈現立體感的就是透視圖。透視圖是將我們所看到的3次元對象或環境,放入到2次元的紙張上呈現出來,根據觀看的對象或是環境的距離和角度,有時候會產生一個消點,有時則會產生兩個消點。

在哪一個位置、以哪一種視線來觀看,其立體的表現方式也截然不同,因此在繪製透視圖時,除了要具備基本的技法以外,還必須要選出要站在哪一個位置觀看空間,決定出適當的透視點,這樣才能讓辛苦繪製出的3次元表現更精確地表達出空間感和設計內容,特別是在實際的空間中,根據人們的移動方式,找到最重要的視線展開點(觀點)view point,呈現出更優質的透視圖。

▶室內透視圖就像是照相一樣，要找到一個好的view point，並且要將空間的特徵徹底地表現出來。

繪製投影圖

　　投影圖是在一定的高度以上，往下俯瞰對象以表現出整體的方式，是將當作基準的投影面（平面圖），在需要的高度之上以平行方向垂直延長所做的表現，因此在表現上會比較容易。但是卻無法像透視圖一樣，能夠自由地設定view point，另外，為了繪製投影圖，還必須要有能夠正確表示平面圖和高度資訊的立面圖或是斷面圖才行。

　　投影圖中最簡單的表現方式是「斜投影法 oblique」，也常稱為「立體正投影法 axonometric」，指在平面圖傾斜旋轉的狀態下，垂直設立起牆壁體的表現方式，先畫出當作基準的水平線後，在其上以30°～60°或45°的視角將平面圖放入，接著再依序繪製壁體、開口部、家具、樓梯等。

　　投影圖的另外一種表現方法為「等軸測投影 isometric」，也就是「等角投影圖」，這是在基準水平線上，將XY軸以30°和30°的統一視角來展開的圖象，原本的平面圖會因而變形為120°，待繪製完成後再設立起垂直的壁體，軸測投影的缺點是必須要將平面圖化成直式，但是比起斜

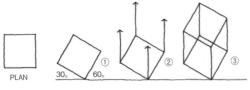

▲斜投影法繪畫的順序

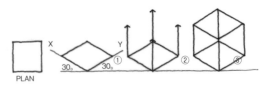

▲等軸測投影繪畫的順序

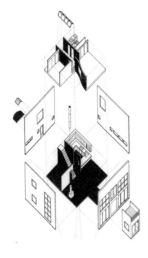

▶利用斜投影方式表現建
築立體型態的範例

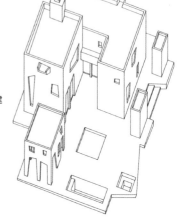

◀分解等軸測投影圖：將
空間構成要素的特徵個別
拆解來做呈現

投影法，因為可以以低角度來進行觀看，因此立體空間也會看起來更具
有安定感。

　　為了讓內部空間能更有效地呈現出來，也可以將投影圖一部分的牆
壁切割，或是以透明的手法來呈現出被牆壁遮擋住的部分；也能夠將地
板、牆壁或是天花板的空間要素分解，將想要強調的各特徵以分解等軸
測投影圖的方式來呈現，為了給予空間更強烈的立體感，比起內部的立
面線，可以更強烈地表現輪廓線的部分。

19. 模型製作的技法

　　製作模型是將自己的想法以立體且具象的方式來呈現，與在紙張上進行平面作業時需要注意的地方有所不同，如果在事前沒有做好明確的規劃，會很難有效地呈現出來，在製作的過程中也會產生更多沒有預期到的費用。首先在選擇模型材料上必須要非常慎重，根據想要表現的模型氛圍或是大小，先決定出材料的種類和分量，作為建築骨架的材料、作為柵欄或是隔間使用的材料，以及當作建材或是家具所使用的材料都各有所不同，因此必須根據用途來購買足夠的使用量。另外，為了製作出想要的型態，也必須要準備好製作用的工具，對於裁剪黏貼工具的使用法有足夠的知識和經驗。

模型材料和表現方式

　　模型材料有非常多種類，首先板狀型材料有珍珠板、fromboard、硬紙板、萊卡紙、瓦楞紙、fomax、壓克力、輕質木材、菩提樹木材 basswood、軟木、銅版、穿孔鋼板等；棒狀型材料則有鋁、銅、鐵、木頭、塑膠、壓克力等，而為了表現出流線型或是曲面，可以選用石膏或是樹脂補土 epoxy putty 等。另外為了顯現建材的表現力，則會使用line tape、spray locker、色紙、條紋紙、石膏 gesso、布材料、草皮、沙

粒、縮小的人或車輛/樹木等。

　　在表現住宅整體型態和空間時，採用的基本材料有fromboard、硬紙板、珍珠板＋石膏、珍珠板色紙等，為了強調更簡潔洗鍊的感覺，也可以與其他材料一起使用，例如fomax、壓克力、各種模型材料（輕質木材）、鐵材、黏土、石膏、金屬板等，此外還有能夠表現細部要素功能、營造各種家具或是空間氛圍的特殊照明方式，以及室內裝潢的材料、顏色、家具、小物品等。在一般學生的作品中要看到所有要素都完美表現，幾乎是不太可能的，比起將地板和壁面等建材都毫無遺漏的表現出來，能夠在作品中選用可突顯核心部分特徵的材料才是更為重要。

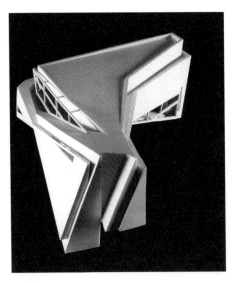

▲住宅模型

▲住宅內部模型

模型製作工具和使用方法

- 刀：在裁切硬紙板、fromboard、輕質木材、金屬板時，通常會使用裁切刀，而當要裁切壓克力或是塑膠時，則會使用壓克力刀先劃出刀痕後，再將其裁切下來。在裁切須講求精密作業的曲線或是細部內容時，使用30度美工刀會比較容易上手。

- 尺與裁切軟墊：為了進行精確的裁切作業，最好使用裁切用的鐵尺，如使用製圖用壓克力尺的話，刀片很容易滑到尺的上方，也很容易切割到手。另外必須準備橡膠裁切軟墊，利用裁切軟墊不只可以讓刀片不容易變鈍，用刀面切割的線條也會比較乾淨俐落。

- 接著劑與針：一般的模型紙或是fromboard會使用木工用膠水或是瞬間接著劑來進行接合作業；壓克力材料則需要使用壓克力膠水；熱熔槍glue gun或是強力膠則是比較適合用在金屬等不容易黏著在一起的材料上，但是因為這類黏著劑很容易快速硬化，為了要精準地進行模型製作，在使用時務必特別注意。另外小的針具則是在利用fromboard等快速製作模型時，或是在使用接著劑進行黏貼之前，當作固定用途來使用。

- 作業機器：熱熔裁切器是在鎳鉻合金線上通電熱以熔解聚苯乙烯、珍珠板、Isopink等各種材料，進行直線以及曲線的裁切，而轉台式切削刀則是利用超小型圓盤型的圓切刀，裁切木材和壓克力等較薄的材料，是可以進行精密裁切的工具。

- 其他工具：砂紙（砂布）可以細密調整物體之間的高度、將粗糙面磨平，或是在鑽洞時使用；而鉗子則是在裁切金屬線時使用，此外還可以使用小鋼鋸、各種鑷子、萬用剪刀、橡膠槌、螺絲起子等工具來輔助作業。

▲住宅模型（雷姆‧庫哈斯的巴黎艾瓦別墅Villa Dall'Ava）

▲住宅模型（班范柏克的Mobius House）

製作模型時需要留意的事項

- 刀具必須使用裁切刀，當感覺到刀鋒變鈍時，務必更換刀片。

- 在裁切板子時，裁切刀與板子面最好能以30度左右的角度來進行裁切，另外在裁切時不要一口氣用力的動刀，可以分成三、四次進行切割，這樣手部使用的力氣才不會過重，但相反地，按住尺的手則要施力固定好尺的位置，不可以讓尺輕易晃動。

- 接著面的乾淨與否會影響到模型的完成度，如果接著劑沒有使用足夠，而使其物品從接著部分掉落下來是相當失敗的；但如果使用過量的接著劑，在黏貼時接著劑也會很容易顯露出來，進而影響到作品外觀，因此接著劑的分量必須要適當地拿捏才行。

- 當要將材料以直角的形式進行連接時，必須先思考裸露在外的材料尾部要如何處理，可以讓連接的部分被看到，也可以利用45度進行裁切，讓稜角面不被看到，又或是在外牆直角稜角部分利用其他材料黏貼，讓接合面不顯露出來。

- 表現玻璃窗時，可用壓克力板（或是玻璃紙）來呈現，可以將壓克力板裁切的比開口部尺寸上下左右還要各多0.5mm，接著必須緊緊地將其貼上，在黏貼完成後，可用白色的線條膠帶黏貼在窗框外，進行細部的細緻呈現。

- 在表現地板或是壁面的各種形式時，必須考慮到在實際空間中人們視線所會看到的視覺效果，並且依據這個來決定形式的大小。

◀▲學生製作的住宅模型

不同作業階段的模型種類

整體研究階段

這是在企劃初期，根據基地分析和土地使用企劃所構想製作的建築整體模型，必須讓基地的特性能夠第一眼就被清楚看到，同時要大致表現出基地界線、基地周遭的道路環境和自然要素，以及鄰接的建築型態等。為了表現作品整體概念，太過詳細的表現在這時並不需要呈現出來，只要利用瓦楞紙或是暗色調的著色、Isopink等，單純表現出鄰接建築物的型態就可以了。另外在表現傾斜地形時，根據傾斜的坡度（等高線），可以利用珍珠板堆疊來表現高度差異，但使用珍珠板時，仍然必須根據實際等高線的傾斜度來進行堆疊黏貼。為了表現出建築整體的分量感，開口部可以暫不表現出來，只要呈現出建築整體就可以了，在這個階段最需要掌握並表現出來的是：與周遭脈絡的協調性、反映出基地的特色、建築整體之間的比例感、虛體空間與實體的關係等，主要使用Isopink或是木板來製作。

概念研究階段

這是在企劃初期為了分析主題以及尋找抽象性特徵所製作的模型，主要是以木板或是瓦楞紙等較厚的紙張來製作，在這個模型中要呈現出該建築整體的型態，或是內部空間與其他設計不同的地方，也就是說，要強調表現出獨創性的概念。此時在模型中尚不需要套用太精細的縮尺。

空間研究階段

在概略決定好平面圖之後，接下來則必須表現出空間的相互連接關係、地板與天花板的立體構成關係，以及開口部的位置等，比起概念研究階段，模型的縮尺要設定為1/50或是1/30左右，以利於確認立體的空間構成。此時主要是利用木板或

是瓦楞紙、萊卡紙等來進行製作，另外也可以使用一些強調部分區塊的模型材料。至於牆壁的部分，比起利用膠水確實地黏貼好，這時可以利用別針來進行固定，以便進行空間的移動或是修正，為了要掌握空間的縮尺感，放入小型的人體模型也會有相當的幫助。

介紹報告階段

　　這裡的模型是指最終完成的模型，是根據設計決定的各個事項精巧呈現的模型，由於是室內建築模型的關係，因此有關內部的建材材料資訊都必須大致表現出來，另外還要表現出縮小的家具模型和建材的顏色、形式，而室內照明或是室內裝潢小物品也可以在此階段呈現出來。但是在學生的作品中，比起完整地表達出室內裝潢的內容，能夠完整地強調出設計的氛圍和概念更為重要，剩下的部分只要簡潔的完成即可。在完成模型後，最後一個階段則是加上文字說明、方位表以及縮尺，另外若能再放入樹木、人體模型、汽車等來呈現縮尺比例，可以讓成品更加完整。

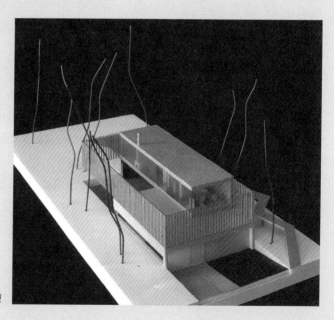

▶介紹報告階段的模型

20. 圖表^{diagram} 的表現要領

圖表是指將設計的理論性展開過程、設計概念和想法，極度客觀視覺化所製作成的圖示表格，可以套用在設計企劃的整個過程當中。首先，在分析階段可以將設計背景的社會化意義或是統計資料透過圖表整理出來，或是將基地內擁有的各種屬性和客戶的需求核心事項以圖表呈現出來；在進行編制程序階段時，則透過多角度的圖表來表現，最具代表性的就是透過分析劃分和動線特性所呈現出來的泡泡圖表，關於動線安排或是空間別連續性的重要設計想法，即以這個方式將之視覺化呈現出來。在概念階段，比起用許多文字羅列表達，以圖表來表現理論性的概念展開過程，會更具有張力和效果。

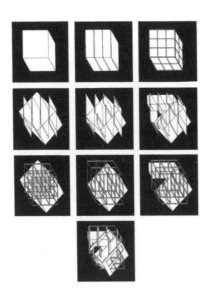

▲彼得‧艾森曼的住宅設計圖表

262

但是要透過圖表來強調設計概念並不是一件簡單的事情，因此為了要製作出具有獨創性的圖表，必須要思考表現的方法；而要製作出具有說服力的工具圖表時，則是應該思考如何讓最後的平面和空間呈現出來，這也是設計作品的核心表現。在設計各過程中所製作出來的圖表，在放入最終的介紹報告壁板之前，請務必再統整一次，以呈現出最棒的結果。

圖表的表現方法

圖表是將設計作品的理論性和獨創性，透過圖示手法有效地呈現出來，以協助人們快速了解設計內容的工具。由於是將設計的核心事項濃縮表現，因此必須要找到最有效率的呈現方法，在圖表的表現上，最重要的就是必須看起來簡單明瞭，如果在圖表中放入太多資訊時，反而會讓傳達意義的效果性下降；同時也不能將想要表達的內容講述地太過抽象，否則容易讓人無法掌握內容，因此我們必須要將想要表達的內容有條理地整理好後，以創新的方式將資料明確地視覺化製作出來，說似簡單，但是這個過程卻是一個非常高難度的技巧，由於這需要具備濃縮理論的思考能力和簡潔精采的表達能力，成功的不二法門就是持續地累積自己的經驗，為了讓圖表的內容更加搶眼，請多多參考正式設計師們的呈現範例。

圖表的表現範例

- 泡泡圖表：在空間規劃完成之後，利用泡泡型態的大小圓 ^{bubble} 來表達空間位置和大小的圖表，如果想要讓泡泡圖表看起來更完整，可以將與外部基地的關係、內部的各空間連結關係也一併明確整理出來。

- 說明劃分和動線關係的圖表：在將空間進行某種程度的空間配置後，在此階段綜合整體的規劃和動線安排，對與外部環境的關係和景觀等問題整理出來，以圖表清楚呈現。

- 自然環境分析：是對基地內的地域性自然環境進行綜合分析的圖表，這時要考慮太陽的移動路線和高度來決定建築物的方向，以及季節性

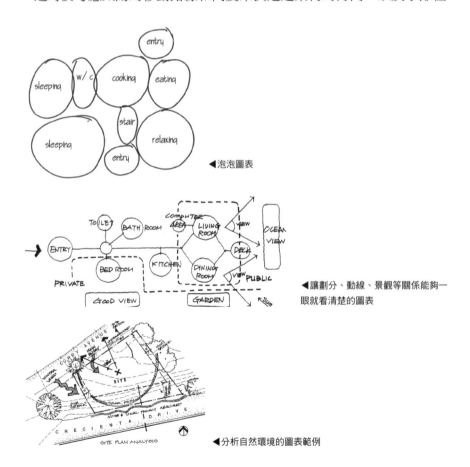

◀泡泡圖表

◀讓劃分、動線、景觀等關係能夠一眼就看清楚的圖表

◀分析自然環境的圖表範例

的風向所會造成的影響或是既有的樹木狀態。另外也必須思考周遭環境帶來的噪音、隱私,以及景觀等的心理層面問題,在範例圖表中,我們可以看到設計者是在考量與基地界線的間隔距離之後,才概略地規劃出建築整體的位置和規模。

• **有關設計背景的圖表**:透過圖表,單純化地表現出有關設計背景的理論和設計的必然性,最好是將概念和相關內容濃縮呈現,在下方的圖表中,我們可以看到居住者的生活週期和家族成員的變化,同時也可以理解有關在其變化後所產生的必然性情況。

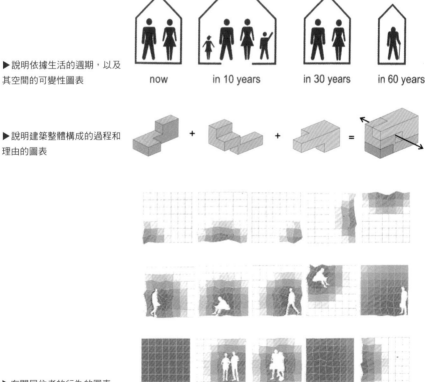

▶說明依據生活的週期,以及其空間的可變性圖表

▶說明建築整體構成的過程和理由的圖表

▶有關居住者的行為的圖表

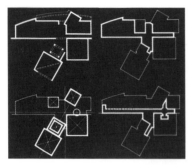

▲平面配置的分析圖表　　　　　　　▲斷面分析圖表

- **有關建築整體構成的圖表**：是將套用在建築整體的獨創性想法以圖表表現出來的形式，在上方範例圖中我們可以看到三住戶的結合方式，每個住戶都分別擁有２層或是３層的不規則空間，利用像是拼積木的方式來表現建築物的獨特構成想法。

- **有關行為或是家具系統的圖表**：在概念中如果有需要強調居住者的行為方式或是家具系統的可變性時，則可以將理論的展開過程透過圖表化來說明設計的意圖。

- **平面配置的分析圖表**：最終決定的平面圖或是配置圖的特性，可透過分析圖表來呈現規劃的妥當性和合理性，在上方範例圖中我們可以看到將平面圖利用圖表來做建築整體——開放空間——動線的分析。

- **平面分析圖表**：透過建築物的斷面圖，呈現出應對自然環境的方式的圖表。

路易斯‧巴拉岡（Luis Barragan）對「居住」的定義

　　巴拉岡認為，人們居住的住宅並不是單純的避難處或是具有功能性的容器而已，他認為打造一個房子必須要思考其與居住在其中的人之間的關係，意即「能夠引發情感的建築emotional architecture」，是能夠感受到情緒、透過自然進行思索、貼近大地和天空的建築。他認為在混雜的都市中，具有親近居住感的住宅是能夠考慮到自然與人以及神聖思維的地方，也是能夠恢復共同體精神的唯一空間，因此他積極地將能認知到住居意義的裝置放入住宅內部的庭園中，「在既有的氣候和既有的世界裡，他將庭院轉變成可以與家中其他居住者一起坐下來聊天、吃東西、見面的『客廳』，在各個季節裡都可以從事各種不同的活動，讓人們養成在一天中在這裡度過幾個小時的習慣，好讓人們在心理上與空間上能夠獲得休息，這是可以讓個人感受到擁久性的領域，另外也會給予人們傳統住宅的溫暖感覺。」另外在無法設置庭院的都市住宅中，則可以設計天空開放式的地中海式中庭，都市住宅中的中庭是以「地之上」和「天之下」的條件打造而成，此外，在住宅中並不會只擁有物理性的自然，同時也必須要表達出在都市中生活的居住者意志，讓中庭成為自然與人能夠融合的獨特場所。

——李勝憲〈居住空間的「創意性同化」相關研究〉，《韓國室內設計學會論文集》，pp.108-109，2004年6月。

part 3

DESIGN EXAMPLE

01. 扭轉之家 Möbius House

班‧范柏克 Ben van Berkel, 1997

▲住宅的外觀。由充滿力學美感的建築整體組合和開放性的窗所構成。

　　現代建築師班‧范柏克在設計這個家時，非常想要跳脫既有的型態構成方式，雖然最終的完成作品並沒有達到完全的突破性概念，但是仍基於新概念打造出一個迥異於以往的住宅型態，這個家被命名為「Möbius House」，是利用扭轉的想法將內與外模糊地呈現出3次元型態，其建築整體有如「梅比斯環（Möbius strip）」，可以看出空間中具有力學的存在。

　　這種特異的概念和型態，是從居住者的特別要求事項中發想出來的，同樣在家工作卻從事不同職業的居住者夫婦，希望能夠創造一個可以讓各自獨處的空間，以達到尊重彼此、卻又可以一起生活的居住空間，也就是說，他們希望擁有能夠共同生活，但也可以分開工作的居住

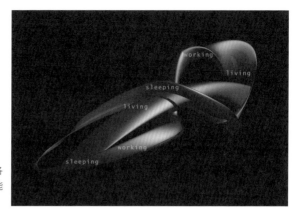

▶Möbius House的概念圖。左右各保有兩個獨立的領域,中間則是機能性的進行連接。

▶在夜間照明之下,梅比斯環的概念型態會更加地明顯。

▶在室內也可以感受到力學美感的建築整體組合。

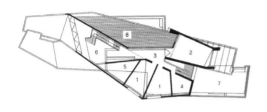

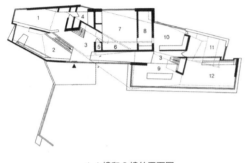

▲１樓和２樓的平面圖

空間。為了創造出符合期望的生活模式空間，建築師想出了梅比斯環的概念。他將如箱子般的兩個模組放在水平軸上進行扭轉，其中則由五個空間來構成家的內部構造，為了強調行為的獨立性和共同性以及連續性，他利用沒有柱子的連續性表面呈現出沒有被固定的構造，透過這種連續性的構造設計，同時讓住宅的動線變得一體化。依據循環的空間構成，內部與外部環境的連貫性也可以獲得多樣化的體驗，為了呈現出這種構造、型態和空間，主要的建材採用混凝土和玻璃來搭配組合。

　　就算是在同一個構造中，班・范柏克仍不忘賦予每個空間獨特個性，同時又使其達到連續性的統合，上層和下層的兩端分別設置有工作室，而透過中間的通路則可以到達寢室、化妝室、廚房以及倉庫等空間，另外，公共空間的廚房、會議室、客廳、陽台則規劃在下樓層的右側，這樣的安排除了能夠維持住宅空間的秩序之外，在動線體系和視線流動上，也可以讓居住者獲得特別的體驗。

02. 視覺感如箱子的家. 住吉の長屋 Sumiyoshi House

安藤忠雄 Ando Tadao. 1975

　　安藤忠雄早期作品之一的「住吉の長屋」建造在老舊木造建築密集的地區，在狹窄長形的基地上，兩側又都是老舊的木造建築，因此在設計上並沒有先天的好條件，以這樣的規模和基地型態，通常會採取的設計方式是在較長的那一方設置長走廊，並且將房間以一字型羅列排放，但是安藤忠雄並沒有在長向的那一方設置走廊，而是將家中的空間大致分為三個區塊，並提出在中間部分設置中庭空間的想法，他活用了棘手的設計條件，反而創造出了新型態的住宅空間。

　　安藤忠雄認為，在狹小的基地上仍擁有著豐富的空間，因此他希望能夠跳脫既存的構成方式，盡可能地表現出居住的本質型態，而在這種

▲立斷面素描。透過導入光線，營造出更具感性的空間。

問題意識中，能夠表現出設計概念的方法就是挪空出住宅的中心空間，設置一個中庭以引進自然環境，與自然共存的生活才能符合居住的本質。在這個中庭空間裡，除了可以進行垂直或是水平的移動，同時也可以引進光、風、雪、雨，營造出視覺的感官感受，在這裡可以抬頭仰望天空，下雨的日子時也可以在家中任何一個地方看到雨水落下的動態，讓我們伴著雨滴靜靜地沉思，雖然雨天時在家中移動時需要使用到雨傘，多少會感到有些不方便，但是透過這個方式能夠讓居住者和自然更加地貼近，也提供給居住者思考沉思的機會。

這個住宅的另一個特徵在於，建築整體都是由外露混凝土所打造的，雖然看起來可能會有一點冰冷，但是根據建材所擁有的特性，安藤忠雄將建材最單純的感覺直接呈現出來，並且利用光或是照明來增加其豐富的變化和深度。如同在立斷面的素描中所表現的概念一樣，在實際

◀住宅外觀，雖然在傳統的日本住宅街道上會看起來較為突兀顯眼，但卻是能夠融入在其中的建築外型。

▼由上往下俯瞰中庭樓梯的空間樣貌

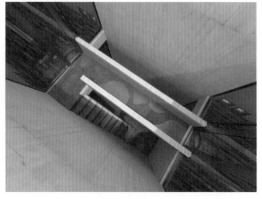

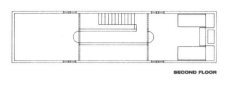

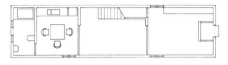

SECOND FLOOR

FIRST FLOOR

▲1樓和2樓平面圖

▶從客廳往廚房方向看去的景觀,在中庭裡可以感受到
充足的自然採光。

的家中,處處都可以看到光線投射到外露的混凝土壁面上,與壁面做出
最恰當的融合,同時也營造出感性的氛圍。面對道路的正面牆(外觀)
雖然看起來是非常封閉且與周遭環境不甚搭配,但是以另外一個角度來
看,卻能夠與老式建築形成對比,在光滑的壁面中只挖出玄關的空間,
形成獨樹一幟的極簡構造,這其中也包含著獨特的日本精神。

03. 重造傳統住宅的家. 守拙堂

承孝相 1993

　　承孝相曾經這樣說過：「一個好的生活空間，並不是只要單純地將餐廳、化妝室、房間等環繞設置在客廳周遭，讓人們能夠見到面、伸手就可以接觸到他人的空間，而是就算有一點不方便，也願意起身去打開大門，用雙手去開關門、可以站起來走動、走去與他人直接對話、使用掃把抹布清掃、能夠讓人思考居住的家，才是一個美好的家居空間。」

　　他認為住宅是家人共同體的空間，同時也是必須具有私人空間的地方，在家中多處設置的庭院則與韓國傳統韓屋庭院的功用不太一樣，這是為了讓家人們能夠進行各種活動的地方。另外，將每個房間分別設置在各自的區塊中，雖然會造成較長的移動動線，但這也是建築師故意營造出來的意圖，雖然在實際移動上會多少感到不方便，但是在時間的層

▲利用木造建材，打造讓客廳能夠有延伸感的中庭。

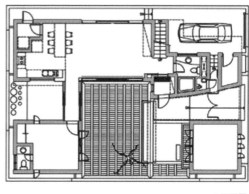

▲平面圖

◀從玄關往中庭的方向看去的景觀

面上，卻存在有讓人思考的空間，也會讓看起來似乎沒有功用的空間在生活中出現真實意義。

　　這裡的庭院呈現ㄷ字形，主房和行廊房是分離的，而在傳統的韓屋中，齋與齋之間都會設置有庭院，在這裡也同樣套用這樣的空間構成，在一個住宅裡，必須要穿上鞋子走過去的行廊房，雖然實際上就近在咫尺，但是在心理上卻會產生一種距離感，因此能營造出一種特別的空間。另外，在客廳正面設置有大面的窗，讓內部與外部能夠相互融合、拓展視野，在院子裡設置了一棵大樹，象徵著人工與自然的結合。在將單純感表現到極致的這棟建築中，可以感受到有如朝鮮時代儒生精神的節制與拘謹感，而這個家的名字^{守拙堂}，即是代表「非常普通平凡的家」的意思。

　　如同阿道夫・魯斯所言：「裝飾性的家會讓精神感到疲憊。」承孝相也認為裝飾華麗的家只會讓人們變得渺小，如果無法光明正向地生活

◀從主房觀看中庭
的景觀。

◀從客廳欣賞中庭
的景觀，設置在中
庭裡的樹木強烈地
象徵著抽象的自然
意象。

的話，那麼等於只是生活在「貧者的美學」之中而已，因此他主張不使
用不必要的誇張裝飾、用色以及材料，透過最簡單的型態導入隱約的光
線，以豐富人們的精神層面，這樣才稱得上是真正美麗的住宅空間。

04. 由道路與庭院編組而成的家. 慧露軒

金孝晚 2005

　　金孝晚的慧露軒在乍看之下外部的型態非常單純，即是在傾斜的地形上做出人工地基後，在其上面建蓋垂直的建築體，新打造出來的人工地基扮演著柱基的角色，而在庭院中則可以看到遠處市中心的景觀，兩棟分隔的垂直建築區分著夫婦與子女的空間，強調出家族之間的獨立性，而分隔的建築之間則是由自然景觀來貫通連結。

　　但是如果仔細地觀察的話，可以發現這個家是由道路與樓梯複雜交錯組合而成，另外在動線和視線上也有非常巧妙地交錯設計，從道路經過玄關到進入住宅空間內部的部分，是由人工地基所打造的，其中設置有長長的通道，而前往2樓和3樓的樓梯，除了在內部空間裡有設置連

▶主出入口和長條形的玄關通路，在地基上設立有兩棟直立的建築。

▲從中庭往上看的景觀。　　　　　　　　▲如掛在空中的夫婦主臥室和各種開口部。

接通道以外，在外部也有連接的通道，而延伸的樓梯之間則設置有大大
小小的庭院，讓人得以觀看到住宅內部和都市中心的景象。透過這種力
動性的移動和變化，更加強調出家人之間的感情、人工空間和自然環境
之間的相關性，以及內部與外部的交流。

　　就算是居住在都市裡，也要有別於一般公寓的既有住宅形式，在居
住者的要求之下，設計師利用了巧妙地雙手打造出能夠與自然親近、體
驗到有趣空間的家。這個新型態的設計不只滿足了居住者的需求，同時
也充分表現出基地的特殊性，並且結合了設計者的新想法。在這個力動
性的空間構成中，與傳統住宅的構成方式相似，是以垂直的形式所排列
建蓋，但是卻有別於一般普通公寓，在打開大門時，並不會第一眼就馬

上看到客廳，而是出現進入住宅空間內部的長條通道，採取這樣的設計是為了達到視覺和心理層面的緩衝效果。另外，在室內除了有種植著一棵松樹的幽靜內院以外，還有地基上方的寬大前院，以及透過前院外部樓梯可以到達的小露台庭院和屋頂庭院等設計。

在慧露軒中還可以察覺到另外一個設計巧思，就是金孝晚利用空間的高低差、垂直天花板或是開口部的高低來營造出各種空間美感，在三層樓高的房間中，以木建材所打造的夫婦主臥房高掛在空中，看起來就像是在巨大的盒子裡安插入小盒子一樣，透過空隙會由外部射入自然光線，同時透過設置樓梯來看到上下樓梯的家人。另外，子女房的構造並不是像一般公寓只是當作睡覺的房間來使用而已，而是具有娛樂功能的房間，同時也包含有連接屋頂庭院的通路。

▲ 連接夫婦主臥室的樓梯間

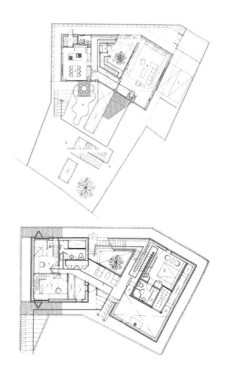

▲ 1 樓和 2 樓的平面圖

05. 「流動空間」的家. 落水山莊 Kaufmann House / Fallingwater
法蘭克・洛伊・萊特 Frank Lloyd Wright, 1939

▲在流水落下的石頭溪谷上所建造的落水山莊

　　如果要將萊特的建築作品用一句簡單的話來形容，可以說他的設計
作品是一種「有機的建築」，所謂的「有機」是指能夠與活生生的生命
體的所有細胞組織相互緊密結合，而在建築設計領域中，當在打造一個
建築物時，相關的所有部分要素都能夠彼此結合、構成型態，就是所謂
的「有機建築」。

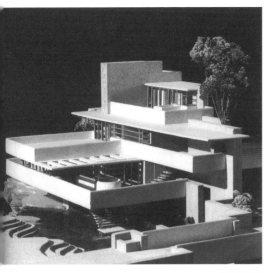
▲住宅模型

▲從陽台觀看內部空間的景觀

　　萊特喜歡將建築構造物盡可能地放置在大地上，使其自由地發展，另外他也會利用從自然中獲得的資源和構造系統，呈現出開放性且具有流通性的、內外部空間能夠相互交流的建築空間，這種發展性的空間概念就是所謂的「流動空間 flowing space」，是具有開放性且能讓內外部空間互相貫通、彷彿內部的每個空間都像是流水一般，可以互相自然、自由地連結。

　　萊特的代表性作品落水山莊建構在大大小小瀑布溪谷的基地之上，這個建築是設置在自然岩盤之上，利用水平的混凝土箱子堆疊而成，同時與周遭的石頭、森林、沖落下來的水柱等形成完美的結合。而在水平平滑的主體中，透過對比手法，利用粗獷的材質來設立垂直構造牆，而過度突出的懸臂梁主體則呈現出大膽且自由奔放的感覺，這也算是一種宣告現代建築 modern architecture 特徵的表現。

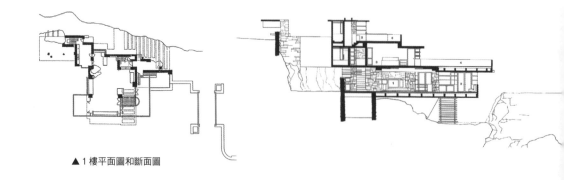

▲1樓平面圖和斷面圖

　　與內部空間連結的陽台則是將自然拉進入室內,讓內外部的空間能夠相互地連結在一起,另外在地板的高低差部分,也採取了多樣變化手法,同時也讓動線產生流動感以及出現各種空間。在此可以看到有別於過去時代的封閉式空間構成設計,透過開放式空間 open plan 的特色感受到空間連續性的大膽與生動感,也因此落水山莊在各種建築構造、功能、空間、精神與自然相互融合貫通之下,成為一個具有有機生命力的經典建築範本。

06. 內外部空間貫通的家. 薩伏瓦別墅 Villa Savoye

勒・柯比意 Le Corbusier, 1931

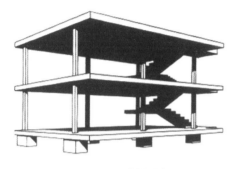

▲dominos系統的圖表

柯比意曾經針對住宅的新構成方式發表Dom-ino理論（1914），這是將拉丁語中的家「domus」與具有革新意義的「innovation」結合而成的單字，提出在新的時代精神之下，利用新技術和材料，透過6個柱子、3個實體空間和樓梯來打造建築的基本模型。

在這個基本模型中，每個單位在某一個方向都可以互相連結，強調可輕鬆擴充空間的功能性，同時在整體構造上也非常堅固，另外他也跳脫過去時代組積式耐力壁所具有的限制，讓內壁和外壁能夠自由地構

▲外觀照片。1樓的樁材和2樓的水平連續窗，在屋頂自由設立的壁面讓建築整體的個性看起來非常鮮明。

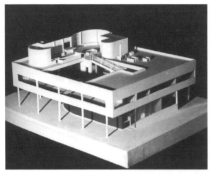

▲住宅模型

▲樓梯與傾斜的坡道

▲從2樓的客廳往中庭看的樣子，強調出室內外空間的連續性。

▲由中庭觀看連接整層建築的傾斜坡道的樣子。

成，因此展現出開放性的建築空間，特別是在外壁的部分，可以讓端部以突出的懸臂梁型態來表現。

之後柯比意也將Domino原理擴展，發表了「新建築的五種原則」（1926），也就是指樁材和自由的平面、自由的立面、水平連續窗，以及屋頂庭院。首先「樁材 piloti」是指構造需要的最少柱體，在地面上要能夠盡量避免出現壁體的新建築方式，這些壁體在扮演分擔重量的角色上，具有自由的意義，因此以樁材替代壁體的1樓的一部分領域就可以當作造景、通道、陽台等戶外空間使用。而「自由的平面 free plan」則是指在解決建築的所有負重柱子問題之後，可在內外部自由地設立壁面，

透過壁面的自由構成，其構造會與過去的建築型態有很大的差異，根據功能上的要求或是美觀上的意圖，可以在空間中的任何一個地方設計為開放或是關閉的形式；同樣「自由的立面free facade」設計也變得更具可行性，追求更新的表現型態，透過開口部的開放和關閉之調節，也可以調整建築內外部的聯繫，這個就是「水平連續窗long window」所帶來的效果，同時對採光和景觀層面也相當有幫助，並且能夠創造出開放感的空間。「屋頂庭院roof garden」則是利用混凝土，以平台屋頂的形式打造出建築屋頂上的種植空間，這也是嘗試在都市之中加入自然要素，追求自由地與天空結合的建築方式。

將上述理論完美融合的就是薩伏瓦別墅，這個建築活用了鋼筋混凝土的特性，同時也徹底地表現出柯比意所提出的新建築五原則，在1樓的部分有椿材和圓形玻璃壁面，2樓則以正四角型的箱子型態來呈現，以水平方式排列長長的窗戶，而屋頂的部分則刻意地放入了自由的曲面，和與外部相連通的開口部。

1樓的椿材處理方式象徵著跳脫被大地束縛的新住宅樣式，而脫離負重功能的壁面也讓平面構成和立面設計變得更加自由，椿材處的前方空間，為了提供車輛通道使用，也保留有3m的寬度；另外當進入利用圓形玻璃處理的北方出入口後，可以看到側廳的螺旋樓梯以及在正面貫通家中心的傾斜步道，西側是設置為停車場，東側則是服務空間，而在南側則設有洗衣室以及休息室。2樓的部分主要是生活空間，北側屬於公共空間，而東側和南側則是私人空間，西側設置有戶外的休息陽台空間，以達到功能性地規劃區分效果，在私人的空間裡設置有主人房和衛浴、子女房和衛浴，以及客房和衛浴。在這整個住宅空間中是利用傾斜的坡道來進行上下樓層的移動，柯比意也把這稱為「建築的長廊

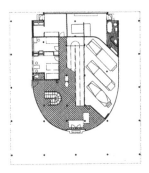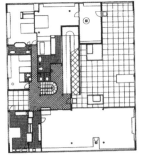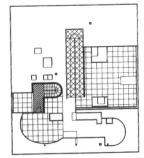

▲1樓、2樓、屋頂花園的平面圖

（promenade）」，透過這個建築的散步長廊，可以誘導人們在移動時以更多樣的角度去觀察每個地方，同時也能讓居住者或是訪客透過長廊來獲得另外一種思考的空間。

　　在公共空間中，是由開放性的客廳和透天的戶外陽台、有梁柱的陽台所構成的，創造出多樣的視覺動線；而環繞住宅整體的水平連續窗則是充分表現出內外部空間的相互貫通性；另外屋頂的部分有休息區和日光浴室，為了表現出象徵自由的立面所設置的一樓高護牆，則是具體地呈現出保護的功用，在這裡所設置的開口部，主要目的是在於積極地將外部空間引入到室內。

07. 在傾斜地形上利用椿材漂浮的家.巴黎艾瓦別墅 Villa dall' Ava

雷姆・庫哈斯 Rem Koolhaas. 1991

◀住宅的遠景

　　這個建築的基地是屬於傾斜地形，而建築主人希望能夠保存基地的原始狀態，因此在根據建築主人的要求之下，設計師活用了基地的傾斜條件，讓建築坐落在該土地之上，同時讓一部分的建築體飄浮在空中，讓地形的特性更展露無遺。在直向長形的基地空間條件之下，設計師設

定出了建築主軸體，兩端再配置上小的建築體，在建築主軸體中設置有公共空間，形成家人之間的主要動線，而在兩端小建築體中則分別設置主人夫婦和女兒的私人空間（寢室），以強調出個別的獨立性，這種對比式的構成方式也同樣運用在外裝材料上，在公共空間中主要是使用玻璃來打造，但在私人領域中則多使用鋁骨板材，只有在部分區域設置對外窗。

　　在這個建築中最特別的是，設計師在屋頂上設置有一個戶外游泳池，隨著游泳池的移動方向，可以看到都市的景觀，還能夠看到巴黎艾菲爾鐵塔，而這正是屋主所要求的事項之一，而雷姆·庫哈斯為了實現這個要求，在設計初期就將住宅方向放置在與艾菲爾鐵塔相同的軸線上，此外為了讓在屋頂觀看都市景觀時，一併使建築整體的長度看起來更長，設計師也將長長的建築體設置為斜線的型態。

　　在這個建築設計中，雷姆·庫哈斯最想要挑戰的是讓內部與外部的界線變得模糊，使空間擴展並且達到相互貫通的效果，他將 1 樓客廳的

▲在主出入通路上設置細長的柱子

▲屋頂游泳池

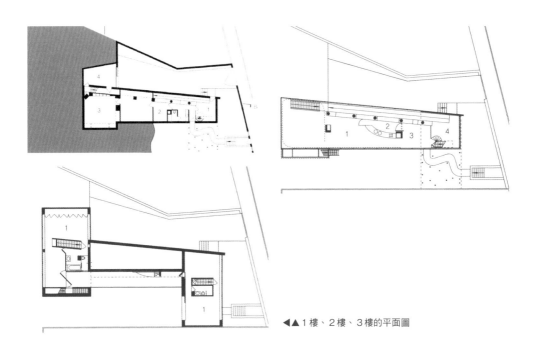

◀▲ 1樓、2樓、3樓的平面圖

一部分壁面採用半透明的玻璃來處理，讓外部光線能夠透入到室內，但是卻不會讓外部視線直接看到內部；而在內部設置玻璃的地方則採用百葉窗和大型窗簾，讓視線開闊延伸，同時也具有隔絕視線的效果。另外，若將客廳的滑動窗全部打開的話，那麼客廳就可以擴展到外部，另外在內部空間中並不是採用耐力牆，而是利用隔牆（partition）來規劃空間，以強調空間的連續性。在廚房的部分也是利用半透明隔牆讓光線通過，但是卻不會讓人看到廚房的內部，透過這些多樣化的實驗性嘗試，除了讓建築空間更為擴展之外，在視覺上也獲得了豐富的變化，另外由於內外部的界線變得模糊，因此也更能夠積極地導入自然的要素。

08. 在一個建築中為兩個家庭所打造的家 _{Double House}

MVRDV ¹⁹⁹⁷

▲住宅外觀

在這個住宅中，可以發現在任何建築中都很難看到的特別斷面構造，建築的隔牆並不是單純的立面形式，而是將分為兩住戶的內部空間功能完整地呈現出來，就像是堆積木一樣，將箱子型態的建築在內部互相填滿，以達到垂直性的結合。這種獨特的斷面構造設計，是為了符合建築所有者的特殊要求而構想出來的創意設計，共同擁有該基地的兩個家族都希望新建蓋的住宅能夠面向公園，以獲得良好的景觀，同時也希望能夠更方便接近1樓或是屋頂的空間，此外，其中一個家庭希望在經過小孩的玩具房後能夠有一個沙龍空間，而另外一個家族則是希望在上樓層寢室裡能夠連接一個工作室。

MVRDV為了遵循住宅空間的本質意義，同時又為了解決建築所有者的複雜要求，製作了各式各樣的圖表，為了確保公平的景觀權，同時也為了達到各樓層可以具有的功能，最後MVRDV想出了在各樓層裡規

▶可以感受到空間的質感，在正面也可以欣賞到公園的景觀。

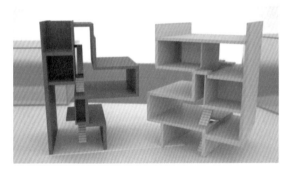

▲將兩個家庭以垂直結合的形式所設計出來的概念模型。

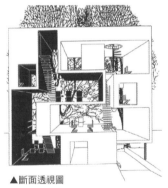

▲斷面透視圖

劃出不同的區塊分給兩個家庭使用的設計，他打破了工整地將一個建築直線區分成兩塊的概念，透過些許的變形，減少了施工的費用，同時也創造出了新的空間感。而這兩個住戶之間的界線在彼此退讓或延伸的過程中，也確保了各自擁有的內部空間，另外在其中也放入了垂直的動線體系（直線樓梯），以便於在整體空間中能夠上下移動，也因為這樣的

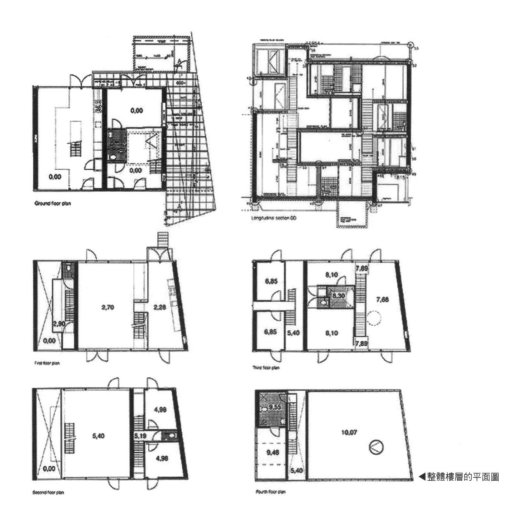

Ground floor plan

Longitudinal section DD

First floor plan

Second floor plan

Third floor plan

Fourth floor plan

◀整體樓層的平面圖

設計，讓各住戶在斷面上看起來是互相地分離的，但是卻又同時具有相互的連結感，進而營造出一種獨特的內部空間，建築師在複雜的設計條件和居住者的要求之下，並沒有採用單純枯燥的排列方式來設計，反而是以新的概念為基礎，打造出這種頗具獨創性的建築。

09. 猶如精品時尚賣場的家. 淡雅之家

尹英全 2006

　　「淡雅之家」就如同其名一樣，是追求淡雅型態和空間的家，這個家的平面圖相當的簡單，但是卻具有可變性，在這個室內空間裡並沒有放置太多的功能性封閉壁面，因此在視覺或是動線上，空間與空間的相互連結性就變得相當好，這種機能化的空間並不是為了要強調某種特定行為而打造，其目的是希望誘導人們在開放的空間裡從事各種多樣的行為，所以在這個家中所看到的空間並不是為了要誇耀其空間感而設計的，因此空間的個性也會顯得比較平和。為了要確保個人的隱私，設計師將主臥房設置在家中的最內部，能夠讓整體住宅內部的空間得以變得具有開放性；利用玻璃製作而成的隔牆和鐵製管則是根據設計的書櫃來

▲住宅外觀的模樣。利用粗細不同的PVC管來打造壁面，呈現出非常獨特的形態設計。

◀可遮蔽廚房的隔板是利用強烈的圖案來進行處理的，而隔板則是設計為可移動式的門，透過這個圖象也讓空間變得更加有趣。

▲從客廳往寢室的方向觀看的景觀，利用鐵材區劃出透明的隔間牆，在寢室的壁面上也排列出隱約的圖象，同時也增加了空間的趣味效果。

▲從院子往室內觀看的景象。

做區分，因此讓內部看起來更為明亮；客廳與廚房不只是由一個寬大的空間所構成，根據動線的移動，也可以前往移動到位於玄關方向的子女房；另外，面向院子的所有壁面都是由玻璃所建構，更能強調出該建築的獨特開放感了。

在這個家中另一個讓人覺得有趣的設計是，在這裡能夠感受到設計師想要呈現出非常愉悅幸福的住宅空間，在主臥房的壁面上可以看到趴

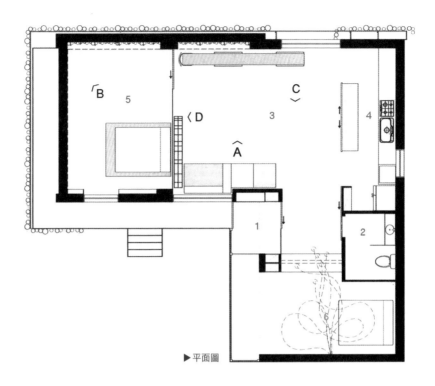

▶平面圖

在馬背上的女人圖象，在化妝室和廚房的部分，則採用可變動式的壁面
體，而在這壁面體上畫有魚的圖象，透過這種表現讓人們在視覺上受到
衝擊，同時也賦予空間更多的趣味。另外，在這個家中幾乎都是利用無
彩色的建材來打造，唯獨廚房壁櫃和流理工作台特別選用了紅色和綠色
的強烈用色，營造出對比的刺激感，而作為外裝建材同時也是部分內部
建材的管子（塗裝成白色，而管子的粗細也都各自不同），則呈現出未
曾看過的新質感和新形勢，透過設計師的想像力以及設計靈感，在這個
猶如精品時尚賣場的建築中打造出讓人感到愉快舒適的恬靜氛圍。

10. 靜謐的家. 口字型家與地底之家

趙冰修 2007/2009

　　建築師趙冰修所建蓋的這兩個家如同沙鉢一般單純、優雅，趙冰修為了打造出特別的型態，並沒有花費太多的心思和操作在繁雜的設計上，他認為只要能抬頭看到天空，在中心區設置中庭，擁有自然的變化和美麗景觀就是最棒的住宅，同時他也希望在中庭裡時時都可以感受到陽光，接觸到輕撫過的微風以及滴落下來的雨水。他認為，透過空淨的空間才能讓人的情緒變得純潔，也才能夠獲得視覺的感知，這也與悠遊自在的儒生精神以及韓國傳統住宅的情緒是相通的，透過明確的型態，雖然與韓國傳統住宅的外型很不一樣，但是我們仍然可以透過這個家感受到由傳統所繼承下來的氛圍情緒。

▲「口字形家」中庭景觀

▲「地底之家」的院子

▲利用粗獷的外露混凝土
所打造的「口字形家」外觀

▲「口字形的家」客廳，在中庭裡灑落充足的自然採光。

　　「口字形家」的設計師就是建築物所有者，同時也是建築師為了進行設計作業所打造包含有工作室的第二個家，由於以中庭為中心，整個建築整體呈現為口字形，因此也就將這個建築稱之為「口字形家」，建築外牆是由混凝土所打造，在粗獷的外牆上卻設置有精細的開口部，而家內部則是以口字構造的中庭和蓮花池為中心，內部空間裡並沒有另外設置廚房和客廳，因此整體看起來相當流暢，在主玄關外可以看到村莊風景的地方設置有一個大門，與前往任何一個方向的道路互相連結。

　　地底之家與其說是當作居住用途使用，還不如說是紀念堂來得更為恰當，這是為歌頌詩人尹東柱所建造的家，這個家的特異之處在於它並不是建造在地表之上的，而是先挖出一個正方形的洞，讓所有的空間都坐落在地底之下，所以也才會被人們稱為「地底之家」。在地底的院子裡，利用混凝土設立起壁面，同時在表面鑲嵌入五針松，呈現出人工與自然的結合，院子的長寬皆為7m、高為3.2m，在這裡有時會舉辦文學人之夜等活動，當人們進入到這地底之下的空間時，文學的感情會變得

▲「地底之家」的外觀。家的整體構造都是設置在
地底之下，在地表上沒有任何構造物。

▲「地底之家」的院子和屋簷

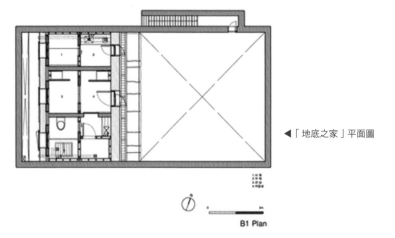

◀「地底之家」平面圖

B1 Plan

更加豐富，同時也可以引導人們表現出內心的世界。而在內部空間同樣
也設計得非常地簡潔，一個內部空間裡區分為六個隔間（寢室、書房、
化妝室、暖房室等），建築師似乎掌握到當房間的大小越小時，人們則
越能夠表現出內心的世界。

　　這兩個家的共同點在於內部都非常淡雅，而同時也能與外部相互融
合，當人們處在室內空間時，可以讓心情平靜下來，而當人們將視線轉
向戶外時，內心則可以變得明亮開闊，這種空間讓人們的緊張感獲得抒
解，並且讓內心平靜下來，以獲得最完整的休息。

里特費爾德的施羅德住宅（Schroder House）

里特費爾德 Gerrit Rietveld 認為「空間是自由的」，因此他拒絕所有的固有束縛，過去那些用牆壁包圍起來的空間、閉鎖式空間、關閉的空間、自我滿足的空間，現在都要轉變成擴展的空間、流動的空間、開放的空間以及可變動的空間了，而為了要達到這種變化，最具體的做法就是讓壁體變得更自由。

里特費爾德的施羅德住宅，不管是垂直還是水平的建材，都分別是各自獨立的，因此看起來像是不具有重量感的狀態，屋頂的部分也是非常自由地突出在空中，這同時脫離了過去以堅固的壁體和屋頂來打造一個家的表現方式，陽台的欄杆也以懸臂梁獨立出來，2樓則採用滑門來劃分空間，而在有需要時又可以將空間擴展出來使用。相反地在1樓的部分，則採取比較傳統式的空間型態，在角窗處刪去了垂直的建材，以達到空間的擴展性，使得內外部能夠互相連結，可以説是一種「空間的相互貫通」，是劃時代的新空間概念。

參考文獻

《建築、室內設計介紹報告技巧》，Yosida Genseuge著，李仁浩譯，國際，1995。

《建築企劃方法》，李景懷著，munundang，1992。

《建築素描工作室》，Moselle著，孔仁龍、潤輝譯，國際，2009。

《建築設計和模型》，Griss B. Mills著，金洪培及4人共譯，圖書出版 Seou，2006。

《建築設計工作室101》，Andy Pressman、李景薰、金恩重譯，國際，1999。

《建築設計工作室》，南元均、林憲峰編著，goomibook，2005。

《建築的型態空間規範》，Francis D.K Ching著，黃鶯淑譯，圖書出版國際，1997。

《建築制度的基本》，Francis D.K.稱著，朴淑譯，圖書出版國際，2007。

《空間的創造》，Jonathan Block Frieclman著，趙榮書譯，kimoondang 2007。

《New Living Space》，許範八及7人共著，kimoondang，2003。

《再次理解室內建築是什麼》，權基泰著，時空文化社，2009。

《製作活用室內建築模型》，鄭媛珠著，auction，2009。

《室內設計入門戰略》，權宰雄及2人共著，圖書出版Seou，2007。

《室內設計手冊》，CHRIS GRIMLEY、MIMI LOVE 著，李玄浩譯，yekyong 2009。

《室內的搭配》，安達英俊及3人共著，韓載榮譯，圖書出版國際，2004。

《室內裝潢報告》，Miyago Hirosi著，鄭淑仁、李華哲譯，圖書出版時空，2004。

《室內設計學校》，Tangaz，Tomris著，林豪均譯，mijinsa，2007。

《室內裝潢的特性》，Cheutomu Kato監修，朴弼濟、申東亦編著，chohyungsa 1998。

《室內裝潢結構》，富井正憲(Tomii Masanori)及4人共著，kimoondang，2008。

《住宅空間設計的理論和實際》，韓英浩、李振英著，kimoondang，2004。

《住宅空間的意義》，Whatanabe tacenobu著，林昌福譯，圖書出版國際，1999。

《住居人工工學》，安玉熙及2人共著，kimoondang，1999。

《住宅計畫》，安玉熙及7人共著，kimoondang，2003。

《住宅計畫理論和設計》，孔英煥及11人共著，kimoondang，2010。

《住宅和室內設計》，李嚴淑著，延世大學出版部，2003。

《住宅設計》，大韓建築學會編，kimoondang，2010。

《住宅設計》，許秉伊及4人共著，kimoondang，2003。

《Architecture Design 01》，金龍城著，kimoondang，2004。

《Drawing with Big Ideas》，李美景著，kimoondang，2006。

《Home design story》，趙希善著，中央M&B，2010。

《Home Interior》，編輯部著，韓國團員文化研究，2007。

《Process+Design住宅設計》，趙光熙，李宏奎，鄭洛賢共著，Daega，2008。

Architecture now! Houses, Jodidio, Philp, Taschen, 2009.

Basics Design and Living, Jan Krebs, Birkhauser, 2007.

CONCEPTUAL DIAGRAMS, DAMDI, 2010.

CORSO DI ARCHITETTURA D'INTERNI, Marinella Jacini, Giovanni De Vecchi

DEVIATIONS Designing Architecture > A Manual, Marc Angelil, Dirk Hebel, BIRKHÄUSER, 2008.

Drawing out the interior, Ro Spankie, AVA, 2009.

HOUSE DESIGN：art & practice, Alfredo DeVido, JOHN WILEY AND SONS, INC., 1996.

Interior Design Visual Presentation, Maureen Mitton, WILEY, 2004.

Portfolio design, Linton, Harold, W.W Norton, 2004.

Residential interior design a guide to planning spaces, Mitton, Maureem, Wiley, 2007.

Residential Lighting, Randall Whitehead, John Wiley and Sons, 2004.

SINGULAR HOUSING, Manual Gausa, Jaime Salazar, ACTAR, 1999.

Small spaces, Terence Conran, E.T.STYLE, 2001.

The Fundamentals of Interior Architecture, Cloes, John., AVA Academia, 2007.

The Fundamentals of Interior Design, Simon Dodsworth, AVA, 2009.

The Housing Design Handbook, David Levitt, ROUTLEDGE, 2010.

索引

感謝

在此感謝同意讓照片刊登在本書中的所有人（以下號碼代表刊登在本書中的頁數）。

279/280/281金孝晚（履露齋建築師事務所）、250文吾州、李光石（Leeds Works）、56/82/129/147朴官修（JCD建築事務所）、45/157/205/222吳辛玉（raums建築事務所）、46/63/240車閔根（heyumux design）、42/49/52/116 金東奎（學生）、36金弁造（學生）、136/138金正煜（學生）、16金昌淑（學生）、89羅景惠、裴啟戴（學生）、72/79朴瑟基（學生）、104朴宗玉、鄭素羅（學生）、142李勝（學生）、106韓善英（學生）、47/70韓正潤、李荷娜（學生）、87/99 黃維（學生）。

另外也要感謝在本書出版前給予我許多優秀建議的權泰一、金英鎮、吳辛玉、李光石、林成勳、崔英愛，以及總是在我身旁鼓勵我、替我加油的太太，還有勇敢決定出版這本書的出版社。

本書是將本人淺薄的知識集結撰寫而成，如果在書中發現有錯誤或是遺漏的部分，還請各位多多諒解。

李勝憲 Lee Seungheon

宅。設計
20×20原來如此的住宅建築原理

作　　者／李勝憲 Lee Seungheon
譯　　者／林美惠

發 行 人／黃鎮隆
協　　理／王怡翔
經　　理／田僅華
總 編 輯／潘玫均
企劃主編／楊玲宜
責任編輯／楊裴文

美術總監／周煜國
封面設計／廖家宏 liaoberry@gmail.com
內頁排版／尚騰印刷事業有限公司

印　　製／尚騰印刷事業有限公司
出　　版／城邦文化事業股份有限公司　尖端出版
　　　　　台北市民生東路二段141號10樓
　　　　　電話：（02）2500-7600　傳真：（02）2500-1971

發　　行／英屬蓋曼群島商家庭傳媒股份有限公司
　　　　　城邦分公司　尖端出版行銷業務部
　　　　　台北市民生東路二段141號10樓
　　　　　電話：（02）2500-7600（代表號）　傳真：（02）2500-1979
　　　　　讀者服務信箱：tien@mail2.spp.com.tw
　　　　　劃撥專線／（03）312-4212
　　　　　劃撥戶名／英屬蓋曼群島商家庭傳媒（股）公司城邦分公司
　　　　　劃撥帳號／50003021
　　　　　※劃撥金額未滿500元，請加附掛號郵資50元

法律顧問／通律機構　台北市重慶南路二段59號11樓
台灣地區總經銷／中彰投以北（含宜花東）高見文化行銷股份有限公司
　　　　　　　　電話：0800-055-365　傳真：（02）2668-6220
　　　　　　　　雲嘉以南　威信圖書有限公司
　　　　　　　　（嘉義公司）電話：0800-028-028　傳真：（05）233-3863
　　　　　　　　（高雄公司）電話：0800-028-028　傳真：（07）373-0087
馬新地區總經銷／城邦（馬新）出版集團　Cite(M) Sdn.Bhd.(458372U)
　　　　　　　　電話：603-9056-3833　傳真：603-9056-2833
香港地區總經銷／城邦（香港）出版集團　Cite(H.K.) Publishing Group Limited
　　　　　　　　電話：852-2508-6231　傳真：852-2578-9337
　　　　　　　　E-mail：hkcite@biznetvigator.com

版　　次／2012年3月初版一刷　Printed in Taiwan　ISBN 978-957-10-4807-9

國家圖書館出版品預行編目資料

宅。設計：20×20原來如此的住宅建築原理
　/ 李勝憲作；林美惠譯. -- 初版. -- 臺北市：
尖端, 2012.03
　　面；　公分

　ISBN 978-957-10-4807-9(平裝)

　1. 房屋建築　2. 室內設計　3. 空間設計

441.58　　　　　　　　　　　　101000822